Vahs

Qualitätsbewusstsein schaffen

Dietmar Vahs

QUALITÄTSBEWUSSTSEIN SCHAFFEN

Mit der Quality-Awareness-Methode zur Qualitätsexzellenz

HANSER

Der Autor:
Dietmar Vahs, Stuttgart

Bibliografische Information der Deutschen Nationalbibliothek: Die Deutsche Nationalbibliothek verzeichnet diese Publikation in der Deutschen Nationalbibliografie; detaillierte bibliografische Daten sind im Internet über <http://dnb.ddb.de> abrufbar.

Print-ISBN 978-3-446-46166-6
E-Book-ISBN 978-3-446-46195-6
ePub-ISBN 978-3-446-46216-8

www.hanser-fachbuch.de
Lektorat: Lisa Hoffmann-Bäuml
Layout & Herstellung: Cornelia Rothenaicher
Satz: Kösel Media, Krugzell
Coverrealisation: Max Kostopoulos
Druck und Bindung: Friedrich Pustet GmbH & Co. KG, Regensburg
Printed in Germany

FSC www.fsc.org MIX Papier aus verantwortungsvollen Quellen FSC® C014889

Qualität – Erfolgsfaktor mit emotionaler Wirkung

Qualität ist ein erfolgskritischer Faktor mit großer emotionaler Wirkung. Er ist allgegenwärtig, zuhause, im Büro, im Urlaub. Wer hat sich nicht schon über seinen plötzlich defekten Kaffeevollautomaten, unzuverlässige Arbeitskollegen oder ein unsauberes Hotelzimmer geärgert, das die Urlaubsfreude nachhaltig trübte, wie Juristen es formulieren würden? Und wer hat sich nicht schon gefreut, wenn ein wichtiger Auftrag ohne Reklamation, ja sogar mit dem Lob des Kunden, erfolgreich zu Ende gebracht wurde?

Richtig ernst wird es in Sachen Qualität allerdings dann, wenn es um unser Leben geht. In der Europäischen Union erkranken jedes Jahr circa drei Millionen Patienten an methicillin-resistenten Staphylococcus aureus-Erregern (MRSA) mit etwa 33 000 Todesfällen. Allein in Deutschland sterben pro Jahr derzeit mehr als 3000 Menschen. In den Niederlanden oder in Luxemburg beispielsweise sind es dagegen deutlich weniger. Dort geht man mit der Problematik von Hospitalismuskeimen anders um, hat ein anderes Bewusstsein für die Ursachen der Infektion und setzt auf strenge Hygienekontrollen und Prävention. So hieß es schon im Jahr 2011 in der Ärztezeitung: »Das einfache Rezept der Holländer gegen MRSA – Wissen einfach anwenden«. Mit einer Infektionsquote von deutlich unter einem Prozent sind unsere niederländischen und luxemburgischen Nachbarn Weltspitze. In Deutschland liegt die Quote bei über zehn Prozent und damit auf dem Niveau von Dritte-Welt-Ländern. Und das in einem Land, das sich stets darum bemüht, in allem ganz vorne mit dabei zu sein. Aber Bemühen alleine reicht eben nicht!

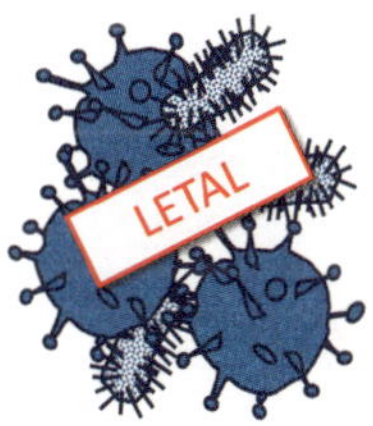

Wie kommt es, dass Unternehmen unabhängig von ihrem Standort und von ihrer Branche – trotz vielfältiger Anstrengungen – gerade bei der Qualität ihrer Leistungen und Prozesse immer wieder Schwächen zeigen? Wieso belegt Deutschland bei der Anzahl der im Rapid-Alert-System erfassten Gefahrenmeldungen von Nonfood-Produkten nach China den zweiten Platz? Was führt zu den sich ständig wiederholenden Fehlern und zu Qualitätskosten, die bis zu über zehn Prozent des Gesamtumsatzes eines Unternehmens betragen. Warum haben Total-Quality-Management, KVP, Six Sigma, FMEA, 8D-Prozesse, Shopfloors, Claim-Tables usw. die Qualitätsverantwortlichen zwar beruhigt, aber nicht vor herben Überraschungen bewahrt?

Ein paar in der Öffentlichkeit viel beachtete Beispiele aus der jüngeren Vergangenheit machen deutlich, was passieren kann, wenn Qualität nicht an erster Stelle steht. Und weitere Beispiele lassen sich problemlos finden: Brennende Geschirrspüler wegen Überhitzung eines elektronischen Bauteils von Bosch-Siemens-Hausgeräte (BSH), Rückruf von rund einer Million Audi-Fahrzeugen wegen defekter Kopfairbags aufgrund einer nicht funktionierenden Schiebedach-Entwässerung, überhitzte Läufe des Sturmgewehrs G 36 von Heckler & Koch oder schmelzende

Griffe von Stöckli-Fonduepfannen. Offensichtlich gibt es beim Thema »Qualität« nichts, was es nicht gibt!

2016 rief der Süßwarenhersteller Mars in 55 Ländern mehrere Millionen Schokoriegel der Marken Mars, Snickers und Milky Way Mini zurück, nachdem eine Kundin in Deutschland ein 0,5 Zentimeter langes Kunststoffteil in einem Mars-Riegel entdeckt hatte. Wie sich später herausstellte, stammte das Teil von einer Schutzabdeckung, die im Herstellungsprozess in einer Fertigungslinie verwendet wurde. Aber das war nicht der erste Skandal in der Lebensmittelbranche. So fanden sich schon Holzstückchen in Alete-Babynahrung, mehrere Millimeter große Metallteilchen in Bifi-Minisalamis und Glasscherben in »Ja!«-Sauerkirschen. Und das in der Lebensmittelbranche, einem Wirtschaftszweig, der vom Vertrauen seiner Kunden in die einwandfreie Qualität der konsumierten Waren lebt!

Im gleichen Jahr stoppte das südkoreanische Technologieunternehmen Samsung den Verkauf seines Top-Smartphones Galaxy Note 7 und startete eine weltweite Rückrufaktion. Der Grund waren fehlerhafte Akkus, die dazu führten, dass die Geräte reihenweise in Flammen aufgingen oder sogar explodierten. Die Kosten für die Rückrufe und die Fehlerbeseitigung beliefen sich

auf rund 17 Milliarden US-Dollar. Ursächlich für das Desaster waren zwei Konstruktionsfehler: zum einen eine zu dünne Isolierschicht in dem Lithium-Polymer-Akku und zum anderen das zu flache Design des Note 7, das die normale Ausdehnung des Akkus im laufenden Betrieb nicht mit einberechnet hatte und deswegen regelrecht zerbarst.

2017 musste das japanische Unternehmen Takata knapp eine Milliarde US-Dollar als Strafe zahlen und Insolvenz anmelden, nachdem elf Todesfälle und 184 Verletzte in den USA mit explodierenden Airbags des Herstellers in Verbindung gebracht worden waren. Weltweit mussten über 100 Millionen Airbags zurückgerufen werden. Betroffen waren unter anderem Fahrzeuge von BMW, Fiat, Chrysler, Ford und Toyota. Der Grund für

die gravierenden Unfälle waren die über ein Jahrzehnt hinweg systematisch manipulierten Ergebnisse von Sicherheitstests, durch die die Risiken mangelhafter Airbags verschleiert werden sollten. Bei Hitze und hoher Luftfeuchtigkeit explodierten deshalb einige Gasgeneratoren in den Luftkissen nach einiger Zeit von selbst. Obwohl es bereits 2008 erste Vorfälle und Rückrufe gegeben hatte, versäumte es Takata, dieses Qualitätsproblem mit angemessener Dringlichkeit anzugehen und zu beseitigen.

> **!** *Schlechte Qualität kann im schlimmsten Fall eine Gefahr für Leib und Leben bedeuten. Ein Grund mehr vor allem für das Top-Management und alle leitenden Angestellten, diesem Thema die volle Aufmerksamkeit zu widmen. Letztendlich trägt der Vorstand oder die Geschäftsführung die Haftungsrisiken. Im Zweifel hilft da auch eine noch so gute D&O-Versicherung nicht mehr viel, zumindest was das Unternehmensimage und das persönliche Image der Führungskräfte anbelangt!*

Aber zurück zu unseren MRSA-Erregern: Medizinische Studien zeigen, dass es hierzulande in vielen Krankenhäusern nach wie vor ein mangelndes Hygienebewusstsein gibt, dass es an der konsequenten Umsetzung von Hygienestandards fehlt und dass die Hygienefachlichkeit erst nach und nach durch den Einsatz von dringend gesuchten Fachärzten für Hygiene und Umweltmedizin langsam verbessert wird. Vielleicht beunruhigen Sie diese Fakten im Moment nicht, sie werden es aber spätestens dann tun, wenn Ihnen ein chirurgischer Eingriff in einer Klinik bevorsteht. Da hilft dann auch die vermeintliche Sicherheit aus einer Zertifizierung nach dem klinikspezifischen KTQ-Modell oder nach der branchenübergreifenden DIN EN ISO 9001 wenig.

Das Problem ist also nicht die formal-methodische Seite. Die ist bestens erfüllt und natürlich auf einem entsprechenden Zertifikat mit Brief und Siegel bestätigt. Trotzdem haben die meisten Qualitätsmanager inzwischen die Erfahrung gemacht, dass Shopfloor-Management, Q-Task-Forces, Eskalationsprozesse usw. für sich genommen irgendwann nicht mehr viel zu einer Verbesserung der Qualität und zur Senkung der Qualitätskosten beitragen. Denn die beste Toolbox hilft nicht weiter, wenn niemand sie öffnet oder die Werkzeuge richtig bedienen kann oder will.

Das Kernproblem ist die bewusste, tagtägliche Anwendung des Wissens um die Bedeutung und die Wirkung von Qualität in jedem Unternehmensbereich, in jedem Prozess, auf jeder Hierarchieebene und zu jeder Zeit.

Angesichts immer kürzerer Entwicklungs- und Produktlebenszyklen und eines weiter zunehmenden globalen Wettbewerbs ist die wirtschaftlich vertretbare Gewährleistung höchster Qualität eine besonders herausfordernde Aufgabe. Ihre erfolgreiche Wahrnehmung setzt ein entsprechendes Bewusstsein voraus und erfordert die uneingeschränkte intellektuelle und emotionale Präsenz von ALLEN Mitarbeitern eines Unternehmens und hier insbesondere der Führungskräfte. Dieses Bewusstsein kann nicht »von oben« verordnet werden. Es muss wachsen und durch positive Beispiele und Vorbilder fortlaufend unterstützt werden. Denn Hochleistungen erfordern eine inspirierende Führung und zu jeder Zeit Klarheit und Konsequenz im eigenen verantwortlichen Handeln für eine exzellente Qualität und höchste Kundenzufriedenheit!

Wie nachhaltige Qualitätsexzellenz über Kopf und Herz der Mitarbeiter erreicht werden kann, zeigt dieses Buch.

Ich wünsche Ihnen viel Freude beim Lesen und viel Erfolg für Ihre nächsten Schritte zu einer exzellenten Unternehmensqualität!

Ihr Dietmar Vahs

Was Sie in diesem Buch erwartet

1 Warum Qualität für deutsche Unternehmen immer wichtiger wird ... 1

2 Was ist »Qualitätsbewusstsein«? ... 9

3 Der Ursprung der Quality-Awareness-Methode (QAM) ... 15

4 Wie steht es um das Qualitätsbewusstsein in deutschen Unternehmen? ... 21

5 Die Ausgangssituation: Qualitätsprobleme und hohe Cost-of-Poor-Quality ... 25

6 Die sieben Quality-Pain-Points deutscher Unternehmen ... 29

6.1 Pain Point 1: Kein einheitliches Qualitätsverständnis ... 31

6.2 Pain point 2: Unzureichendes Qualitätsbewusstsein ... 32

6.3 Pain point 3: Qualität hat nicht immer höchste Priorität ... 33

6.4 Pain point 4: Qualitätsverluste an den Schnittstellen ... 35

6.5 Pain point 5: Führungskräfte, die nicht können und wollen ... 37

6.6 Pain point 6: Qualitätsprogramme, die nicht greifen ... 38

6.7 Pain point 7: Keine wirksame Qualitätskultur ... 40

7 Was wünschen sich deutsche Qualitätsmanager? ... 43

8 Wodurch unterscheiden sich Quality-High- von Quality-Low-Performern? ... 47

9 Was können Unternehmen tun, um qualitätsexzellent zu werden? ... 51

9.1 Definieren Sie, was Qualität in Ihrem Unternehmen heißt! ... 53

9.2 Stimmen Sie Ihre Qualitätsziele diagonal ab! ... 54

9.3 Integrieren Sie die Qualitätsstrategie in Ihre Unternehmensstrategie! ... 54

9.4 Fördern Sie die qualitätsbezogene Zusammenarbeit! ... 55

9.5 Überwinden Sie Schnittstellenprobleme konsequent und nachhaltig! ... 56

9.6 Berücksichtigen Sie verhaltensbezogene Aspekte in Ihren Qualitätsprogrammen! 56

9.7 Machen Sie das Qualitätsbewusstsein Ihrer Mitarbeiter zur Top-Management-Aufgabe! 57

9.8 Nehmen Sie Ihre Führungskräfte für alle sichtbar in die Pflicht! 58

9.9 Vermeiden Sie die »erfolgsgefährdende Wirkung des Erfolgs«! 58

10 Die Grundgedanken der Quality-Awareness-Methode 65

10.1 Wie funktioniert die Quality-Awareness-Methode? . 68

10.2 Der entscheidende Erfolgsfaktor: Qualitätsbewusstsein 69

11 Wie geht die Quality-Awareness-Methode vor? 73

11.1 Schritt 1: Systematische Analyse und Bewertung der Qualitätssituation 77

11.2 Schritt 2: Planung und Durchführung der QA-Befragung 87

11.3 Schritt 3: Maßnahmen zur Steigerung der Unternehmensqualität 104

11.4 Schritt 4: Evaluation und Weiterentwicklung des Qualitätsbewusstseins 113

12 Der Weg zur Qulitätsexzellenz 115

12.1 Was kann mit der Quality-Awareness-Methode erreicht werden? 117

12.2 Woran die Quality-Awareness-Methode scheitern kann 117

12.3 Die wesentlichen Vorteile der Quality-Awareness-Methode auf einen Blick 120

13 Sieben Tipps für Führungskräfte 121

13.1 Tipp 1: Entwickeln Sie in Ihrem Verantwortungsbereich ein übereinstimmendes Qualitätsverständnis! 124

13.2 Tipp 2: Nehmen Sie Ihre Qualitätsverantwortung als Führungskraft sichtbar wahr! 126

13.3 Tipp 3: Handeln Sie stets konsequent und vorbildlich! 127

13.4 Tipp 4: Nutzen Sie Fehler als Lernchancen! 129

13.5 Tipp 5: Verabschieden Sie sich von Abteilungs- und Bereichsegoismen! 130

13.6 Tipp 6: Vereinbaren Sie mit Ihren Mitarbeitern smarte und diagonal abgestimmte Qualitätsziele! 132

13.7 Tipp 7: Lassen Sie in Ihrem Bemühen um exzellente Qualität nicht nach! 134

14 Jetzt sind Sie dran! 137

14.1 Wie kann Ihr Quality-Awareness-Programm aussehen? 139

14.2 Bringen Sie Ihre Überlegungen zu Papier 139

15 Über den Autor dieses Buchs 145

Über Quality-Awareness-Experts 149

1 Warum Qualität für deutsche Unternehmen immer wichtiger wird

Im Mai 2015 beschloss der chinesische Premierminister Li Keqiang gemeinsam mit dem Staatsrat den strategischen Plan »Made in China 2025«. Dabei handelt es sich nach Einschätzung des Centers for Strategic and International Studies in Washington, D.C. um eine »Initiative zur umfassenden Aufwertung der chinesischen Industrie« durch eine ausgeprägte Wertschöpfungsorientierung der Produktion des Landes mit dem Schwerpunkt auf der High-Tech-Industrie. Die Amerikaner sehen darin eine existenzielle Bedrohung ihrer Technologieführerschaft. Im Kern dieser Strategie sollen die Fertigungskapazitäten weiter ausgebaut werden, die Automatisierung und die Digitalisierung in der Produktion zunehmen und vor allem die Produkt- und Prozessqualität und die Innovationskraft deutlich gesteigert werden. Unter dem Strich lässt sich die strategische Zielsetzung wie folgt beschreiben:

» *China sees this global race as an excellent opportunity to catch up technologically and economically with industrial countries. The goal is to become a global leader in manufacturing high quality and high-tech products by the first half of the 21st century ..."*[1]

Vor dem Hintergrund dieser Bestrebungen titelte die »Zeit« bereits im Mai 2015 nicht zu Unrecht: »Made in China 2025 – Die Kampfansage für Deutschland«. Als zukünftige »Industrie-Supermacht« soll die Marke »Made in China« zukünftig nicht mehr für billige Massenware, sondern für Innovation, Qualität und Effizienz stehen. Damit werden chinesische Unternehmen zu Konkurrenten auf Augenhöhe. Zukäufe wie der des Spezialmaschinenherstellers Krauss-Maffei und des Roboterbauers Kuka oder die Beteiligung von Geely an Daimler zeigen, wie ernst es China damit ist. Was im Moment noch visionäre Züge hat, wird angesichts der Zielstrebigkeit und Konsequenz, mit der die Chinesen seit Jahren ihre Ambitionen verfolgen, vielleicht schneller Realität, als es deutschen Unternehmen lieb

1 (Wübbecke, J. et al.: Made in China 2025. Berlin 2016, S. 11)

sein kann. Gelassenheit ist hierzulande also längst nicht mehr angebracht, sondern könnte sich schnell rächen, vor allem deshalb, weil Deutschland und der Europäischen Union ein vergleichbarer Masterplan fehlt.

> **!** *Die Anforderungen an die Qualität steigen bei gleichzeitiger Zunahme des Wettbewerbs um die beste Qualität!*

Damit ist klar, dass die Qualität unserer Produkte, Dienstleistungen und Prozesse immer mehr unter Druck gerät. Denn auch in Europa verändert sich die Qualitätssituation zum Teil dramatisch. So sind beispielsweise Maschinen- und Anlagenbauer in Norditalien gerade dabei, ihrer deutschen Konkurrenz bei den wichtigen Themen »Kundenorientierung« und »Servicequalität« den Rang abzulaufen. Auch in unserem unmittelbaren geografischen Umfeld nimmt demnach der Qualitätswettbewerb zu.

Grund genug also, sich mit der Frage zu beschäftigen, wie wir sicherstellen können, dass unser Bewusstsein für Qualität als Grundlage der Marke »Made in Germany« weiter beziehungsweise wieder gestärkt wird, damit wir in der Spitzenliga bleiben.

? *Zentrale Frage: Wie können wir unser Bewusstsein für Qualität stärken?*

Können Sie folgende Frage klar und eindeutig beantworten?

WAS HEISST QUALITÄTS-BEWUSSTSEIN FÜR MICH?

Bitte machen Sie sich ein paar Notizen, was Sie unter »Qualitätsbewusstsein« verstehen, wie es Ihrer Meinung nach wirkt und warum es DIE entscheidende Voraussetzung für höchste Qualität ist.

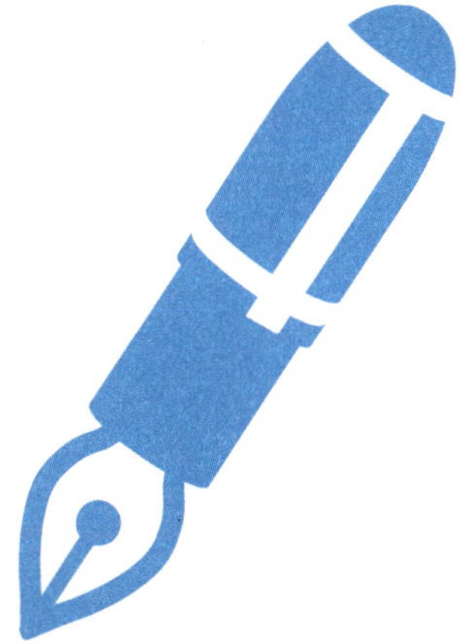

2

Was ist »Qualitätsbewusstsein«?

Der Begriff »Qualitätsbewusstsein« setzt sich aus den beiden Wortbestandteilen »Qualität« und »Bewusstsein« zusammen. Der Begriff Qualität (von lateinisch »qualitas« = Beschaffenheit, Merkmal, Eigenschaft, Zustand) wird im allgemeinen Sprachgebrauch meist mit der spezifischen Erfüllung der Summe bestimmter Einzelmerkmale und einem positiven Erlebnis in Verbindung gebracht, wobei allerdings sehr unterschiedliche Vorstellungen über dessen genauen Inhalt bestehen. Der Begriff Bewusstsein (von mittelhochdeutsch »bewissen« = Wissen über etwas habend) beschreibt die Gesamtheit der Überzeugungen eines Menschen und einen Zustand, in dem man sich einer Sache bewusst ist und diese entsprechend vertritt (Bild 2.1).

Die DIN EN ISO[1] verweist in ihrer Definition von Qualität auf die Erfüllung von Kriterien. Dies entspricht der Beschreibung von Philip B. Crosby, der Qualität in seinem 1979 erschienenen Buch »Quality is free«[2] als Grad der Übereinstimmung mit den Anforderungen definiert hat (»quality is conformance to requirements«). Inwiefern die Kriterien erfüllt werden, wird aber sehr subjektiv wahrgenommen. Die so wahrgenommene Qualität hängt vom Grad der Erfüllung der Wünsche des Kunden ab und spiegelt sich unter anderem in der Kundenzufriedenheit wider. Was das Bewusstsein anbelangt, sucht die kognitive Theorie nach einer Erklärung für das Entstehen des menschlichen Handelns. Demnach beeinflussen Werte, Einstellungen und Normen das Bewusstsein einer Person, deren Verhaltensintentionen und schließlich das von dieser Person tatsächlich gezeigte sichtbare Verhalten. Diese Faktoren wirken wie ein Filter, weshalb die entsprechende Person nur bestimmte Aspekte ihres Umfelds bewusst wahrnimmt, nämlich diejenigen, die ihren Einstellungen und ihren Erfahrungen entsprechen.

Bild 2.1 Sich der Qualität bewusst sein

Damit hat das Qualitätsbewusstsein einen wesentlichen Einfluss auf das qualitätsbezogene Handeln der Mitarbeiter sowohl auf der individuellen als auch auf der kollektiven Ebene. Letztendlich ist es damit die entscheidende Grundlage für das Erreichen von höchster Produkt-, Prozess- und Unternehmensqualität. Dieses Bewusstsein »... wird erreicht, wenn Personen verstehen, worin ihre Verantwortlichkeiten liegen und wie

1 DIN EN ISO 9000:2015-11 Qualitätsmanagementsysteme – Grundlagen und Begriffe. Beuth, Berlin 2015

2 Crosby, P. B.: Quality is free. McGraw Hill, New York 1979

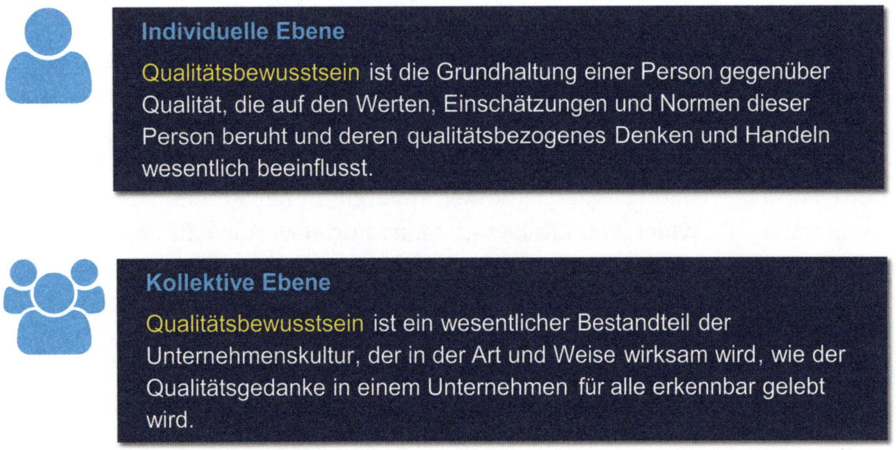

Bild 2.2 Qualitätsbewusstsein wirkt auf individueller und kollektiver Ebene

ihre Handlungen zum Erreichen der Ziele der Organisation beitragen« (DIN EN ISO 9000:2015, Abschnitt 2.2.4.4)[3].

! *Qualitätsbewusstsein ist die Voraussetzung für das Erreichen von Qualitätsexzellenz.*

Das Ergebnis einer systematischen Literaturanalyse zeigt, dass die Thematik sowohl in Praxisveröffentlichungen als auch in wissenschaftlichen Aufsätzen eine zunehmende Relevanz gewinnt. Insbesondere zu den Suchbegriffen »Qualität« und »Qualitätskultur« konnten viele Veröffentlichungen gefunden werden, in denen das Qualitätsbewusstsein zumindest ansatzweise thematisiert wird. Eine Erklärung hierfür ist, dass sich das Qualitätsbewusstsein zum einen nur in einer bereits etablierten Qualitätskultur optimal entwickeln kann und dass es zum anderen seinerseits die Weiterentwicklung der Qualitätskultur im Sinne einer »Schwungradkultur für Qualität« antreibt. In der DIN EN ISO 9001:2015[4] wird dem Thema Qualitätsbewusstsein im Abschnitt 2.2.5 immerhin ein eigenes Unterkapitel gewidmet. In der Einleitung der Norm heißt es:

3 DIN EN ISO 9000:2015-11 Qualitätsmanagementsysteme – Grundlagen und Begriffe. Beuth, Berlin 2015

4 ISO 9001:2015-09 Qualitätsmanagementsysteme – Anforderungen. Beuth, Berlin 2015

»*Diese Internationale Norm schlägt ein fest umrissenes Qualitätsmanagementsystem vor, auf Grundlage eines Rahmenwerks, das bewährte grundlegende Konzepte, Grundsätze, Prozesse und Ressourcen in Bezug auf die Qualität einbezieht, um Organisationen bei der Umsetzung ihrer Ziele zu unterstützen. Sie gilt für alle Organisationen, ungeachtet ihrer Größe, Komplexität oder ihres Geschäftsmodells. Sie zielt darauf ab, das Bewusstsein einer Organisation für ihre Pflichten und Verpflichtungen zu schärfen, die Erfordernisse und Erwartungen ihrer Kunden und ihrer interessierten Parteien zu erfüllen sowie Zufriedenheit mit ihren Produkten und Dienstleistungen zu erreichen.*«

! *Zentrale Aufgabe: Das Bewusstsein für Qualität schärfen!*

Auch Unternehmen adressieren das Qualitätsbewusstsein in den letzten Jahren vermehrt. Dies macht sich beispielsweise auf den Unternehmensseiten im Internet bemerkbar. Hier wird – auch in Stellenanzeigen – häufig ein ausgeprägtes Qualitätsbewusstsein von den Mitarbeitern gefordert. Allerdings wird dabei regelmäßig nicht klargestellt, was genau unter »Qualitätsbewusstsein« zu verstehen ist. Damit bleibt der Begriff – zumindest auf den ersten Blick – eine inhaltlich wenig konkrete Worthülse. Lediglich einige wenige Firmen beschreiben ihre Sicht des Qualitätsbewusstseins und dessen Einflussgrößen näher und schaffen damit zumindest ein Stück Transparenz und Verständlichkeit. Insgesamt werden über alle Suchfelder hinweg die gleichen Erfolgsfaktoren zur Stärkung des betrieblichen Qualitätsbewusstseins genannt: der einzelne Mensch, die Art und Weise, wie Führung wahrgenommen wird, eine offene Fehlerkultur und die Bereitschaft zu einer konstruktiven Zusammenarbeit.

Interessant ist in diesem Zusammenhang, dass das Qualitätsbewusstsein in den klassischen Qualitätsmanagementmodellen, wie beispielsweise dem TQM, dem EFQM-Modell oder dem MBNQA, nicht explizit genannt wird. Jedoch besteht Einigkeit darüber, dass die Qualität durch das Können und Wollen der

Mitarbeiter beeinflusst wird. Dieser Aspekt wird innerhalb der klassischen Modelle indirekt über Kriterien wie Mitarbeiterorientierung, Prozessorientierung, Kundenorientierung und Führung berücksichtigt. In der Praxis wird die Lücke in Bezug auf das Qualitätsbewusstsein bislang aber nur durch die Quality-Awareness-Methode (QAM) geschlossen. Dieses Verfahren rückt das Qualitätsbewusstsein der Mitarbeiter in den Mittelpunkt und analysiert dessen Wirkung auf das Qualitätshandeln und letztendlich auf den Qualitätserfolg. Damit schafft die Quality-Awareness-Methode die Grundlage für eine hochwirksame und nachhaltige Verbesserung der Qualität und der Kundenzufriedenheit sowie für eine signifikante und dauerhafte Senkung der Qualitätskosten.

! *Qualität wird wesentlich durch das Können und Wollen der Mitarbeiter beeinflusst.*

3 Der Ursprung der Quality-Awareness-Methode (QAM)

Manche Methoden entstehen »im stillen Kämmerlein« und bewähren sich dann im besten Fall in der Praxis. Andere werden aus den Erfahrungen der Praxis geboren und eignen sich nur für die Bearbeitung von sehr spezifischen, eng begrenzten Problemstellungen. Und wieder andere entstehen aus der Notwendigkeit, eine bestimmte Situation systematisch zu erfassen, zu analysieren, zu bewerten und zielgerichtet für die Weiterentwicklung des Unternehmens zu nutzen.

Letzteres trifft auf die Quality-Awareness-Methode zu. Unsere Methode entstand vor über zehn Jahren in enger Zusammenarbeit mit dem Unternehmensbereich Systeme für Nutzfahrzeuge der Knorr-Bremse AG in München. Dieses Unternehmen war bereits seinerzeit in Sachen Produkt- und Prozessqualität hervorragend aufgestellt – mit Kennzahlen, von denen andere Unternehmen auch nach jahrelangen Maßnahmen zur Qualitätsverbesserung nur träumen können. Das Motto in Sachen Qualität lautete damals wie heute: »Gut ist nicht gut genug, immer besser heißt das Ziel!«.

Jeder in diesem Unternehmen weiß: Wer in der Qualitäts-Spitzenklasse bleiben will, muss hart dafür arbeiten, Tag für Tag. Die Knorr-Bremse AG als Weltmarktführer bei der Herstellung von Bremssystemen für Schienen- und Nutzfahrzeuge hat sich für diesen Weg entschieden und hat diesen Weg strategisch geplant, gut vorbereitet und sehr konsequent umgesetzt.

Am Anfang orientierte sich die Knorr-Bremse am Total-Quality-Management und dem Business-Excellence-Modell der EFQM. Qualitätsstandards und -normen mit den entsprechenden Zertifizierungen und laufende Qualitäts-Audits waren dort schon seit den 1980er-Jahren an allen europäischen Standorten gängige Routine. Bei Bremssicherheitssystemen, denen täglich mehr als eine Milliarde Menschen weltweit vertrauen, ist dies eine zwingende Notwendigkeit. Dieser Verantwortung kann ein Unternehmen wie die Knorr-Bremse nur mit einem einzigen Maßstab gerecht werden: Null Fehler, keine Toleranz!

Die Fragen, die sich dem Management seinerzeit stellten, waren: Wie können wir sicherstellen, dass wir in unserem steten Bemühen um höchste Qualität nicht nachlassen? Wie lässt sich der Qualitätsgedanke in den Köpfen – und Herzen – unserer Mitarbeiter noch wirksamer dauerhaft verankern? Wie nutzen wir die emotionale Komponente, die sich gerade mit der Beschaffenheit unserer Produkte verbindet? Schließlich wollte damals wie heute jeder Mitarbeiter des Unternehmens, dass die Bremssysteme von Knorr-Bremse einhundert Prozent fehlerfrei sind, denn der kleinste Fehler könnte zu einer Katastrophe auf der Straße oder der Schiene führen.

! *Kleinste Fehler können zu einer Katastrophe führen!*

Jederzeit kompromisslose Qualität durch Prävention von der Entwicklung über die Produktion bis zum Versand war damit das Motto aller Bemühungen. Das erforderte eine ganzheitliche und nachhaltige Orientierung, wie es der Vice President Quality, Product Safety and HSE Management Willfried Heist formulierte. Alle wichtigen Stakeholder mussten in diese Philosophie aktiv mit einbezogen werden: Mitarbeiter, Kunden und Lieferanten. Und dabei ging es nicht nur um Fragen der Produktqualität. Qualitätschef Heist formulierte es so:

» Prozessmanagement ist bei uns gleichbedeutend mit Qualitätsmanagement. Prozessqualität lässt sich vom Wettbewerb nicht kurzfristig nachahmen und sorgt für eine kontinuierliche Effizienzsteigerung.«

Qualitätsoffensiven wie TRUQ (Truck and Quality) und Q-FIRST mit gezielten Awareness-Aktivitäten setzten diese Ideen auf der Grundlage des PDCA-Modells in die Wirklichkeit um. Das Leitmotiv dabei lautete:

» Ohne Qualität keine Sicherheit. Ohne Sicherheit keine Knorr-Bremse.«

Diese Programme zur Qualitätsverbesserung waren sehr erfolgreich – vor allem deswegen, weil sie ganz gezielt auf die Bewusstseinsebene ausgerichtet waren. Das war die Grundlage für ihre nachhaltige Wirksamkeit, bis heute.

Programme zur Qualitätsverbesserung zeigen Wirkung, wenn sie die Bewusstseinsebene mit einschließen.

Wie steht es aktuell um das Qualitätsbewusstsein in anderen deutschen Unternehmen und wie sieht die Methode aus, die bei der Knorr-Bremse signifikante und hart messbare Verbesserungen auf höchstem Niveau bewirkte?

4

Wie steht es um das Qualitätsbewusstsein in deutschen Unternehmen?

Um die Bedeutung des »Wettbewerbsfaktors Qualitätsbewusstsein« für den Erfolg von Unternehmen zu untersuchen, führte das Institut für Change Management und Innovation (CMI) der Hochschule Esslingen im Frühjahr und Sommer 2017 zusammen mit der Deutschen Gesellschaft für Qualität e. V. (DGQ) eine große, deutschlandweite Quality-Awareness-Studie durch. An dieser Studie nahmen über 200 Unternehmen aus einer systematisch gezogenen Stichprobe teil. Dabei ging es beispielsweise um die Frage, welche Rolle verhaltensbezogene Aspekte für den Erfolg von Qualitätsverbesserungsprogrammen spielen, was eine starke Qualitätskultur auszeichnet und welchen Einfluss Führungskräfte auf das Qualitätsbewusstsein ihrer Mitarbeiter haben. Auf der Grundlage der Studienergebnisse, die den aktuellen Stand und die Bedeutung des Qualitätsbewusstseins in deutschen Unternehmen aufzeigen, und umfangreicher statistischer Analysen wurden konkrete Handlungsempfehlungen formuliert. Diese sollen Unternehmen dabei helfen, dauerhaft eine noch höhere Produkt-, Prozess- und Unternehmensqualität zu erreichen.

Im Rahmen der durchgeführten Studie wurden insgesamt 203 Fragebögen zumeist von den obersten Qualitätsverantwortlichen der Unternehmen beantwortet. Mit 73,3 Prozent kam die Mehrheit der Befragten aus der Industrie. 23,3 Prozent der Fra-

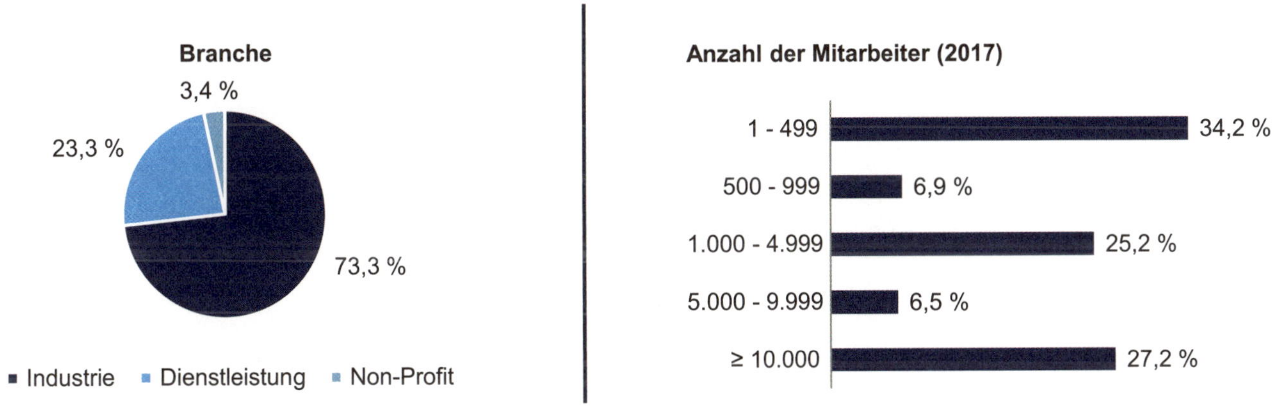

Bild 4.1 Umfangreiche Studie zum Qualitätsbewusstsein: Aufteilung nach Branchen und Mitarbeiteranzahl

gebögen wurden von Dienstleistungsunternehmen bearbeitet. Nur ein geringer Anteil stammte mit 3,5 Prozent aus dem Non-Profit-Bereich. Die Bandbreite der Unternehmensgröße reichte von kleinen und mittleren Unternehmen bis hin zu Großunternehmen und internationalen Konzernen. Die Ergebnisse der Befragung waren teilweise überraschend – teilweise aber auch nicht. In jedem Fall zeigte sich, dass dem Erfolgsfaktor Qualitätsbewusstsein in deutschen Unternehmen bisher nicht die notwendige Aufmerksamkeit gewidmet wird.

5 Die Ausgangssituation: Qualitätsprobleme und hohe Cost-of-Poor-Quality

Was uns an den Studienergebnissen nicht überraschte, war die Tatsache, dass fast alle befragten Unternehmen in den letzten drei Geschäftsjahren mehr oder weniger gravierende Qualitätsprobleme hatten. Diese traten in 166 Unternehmen bei deren Kunden auf, also genau dort, wo ihre Auswirkungen für das Unternehmen am gravierendsten sind. In 50 Unternehmen handelte es sich sogar um Sicherheitsprobleme mit der grundsätzlichen Gefahr für Leib und Leben. Offenbar ist es damit den meisten Unternehmen nicht durchgängig gelungen, höchste Qualität durch geeignete präventive Maßnahmen sicherzustellen und negative Auswirkungen mindestens auf der Imageseite zu vermeiden (Bild 5.1). Das ist ein erster Hinweis darauf, dass es noch einen beachtlichen Handlungsbedarf gibt.

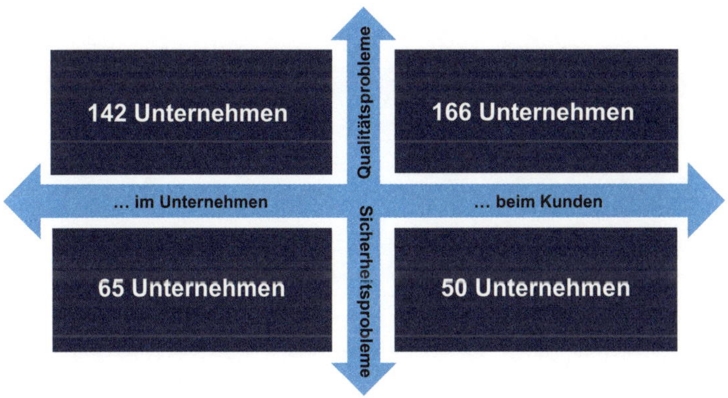

Bild 5.1 Präventive Maßnahmen sind häufig nicht ausreichend, um die geforderte Qualität zu erreichen

Was uns auch nicht überraschte, waren die in vielen Unternehmen hohen Qualitätskosten (Bild 5.2). So lagen die in der CMI-Studie als Fehler-, Fehlerverhütungs- und Prüfkosten definierten Cost-of-Poor-Quality im Durchschnitt der letzten drei Geschäftsjahre nur bei knapp einem Viertel der Studienteilnehmer unter einem Prozent des Gesamtumsatzes. Meistens lagen sie deutlich darüber, bei sechzehn Unternehmen bei über sechs Prozent und bei immerhin sechs Unternehmen sogar bei über zehn Prozent des Gesamtumsatzes. Können und müssen deutsche Unternehmen sich solche Zahlen auch in der Zukunft leisten?

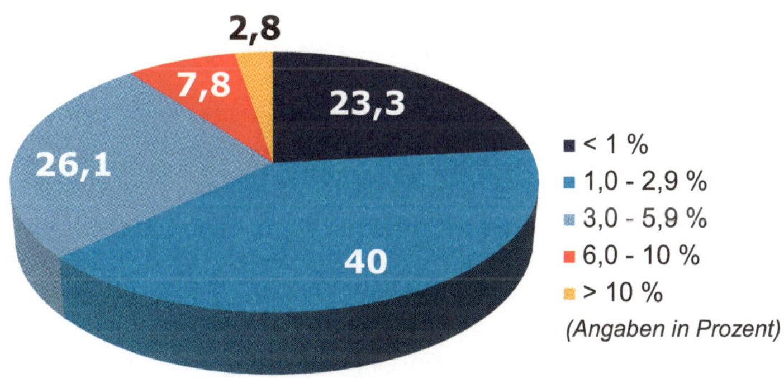

Bild 5.2 Anteil der Cost-of-Poor-Quality am Gesamtumsatz

Je stärker das Qualitätsbewusstsein in der Unternehmenskultur verankert ist, desto niedriger sind die Qualitätskosten!

Damit zeigt sich, dass es beim Thema »Qualitätsbewusstsein« bei weitem nicht nur um die »weiche Ebene« der Unternehmenskultur und des individuellen Mindsets der Mitarbeiter geht, sondern dass letztendlich hart messbare, monetäre Zielgrößen im Fokus stehen. So haben diejenigen Unternehmen mit einem ausgeprägten Qualitätsbewusstsein in unserer Stichprobe statistisch nachweisbar signifikant niedrigere Qualitätskosten als solche Unternehmen, denen es genau daran fehlt. Es lohnt sich also offenbar, das Qualitätsbewusstsein auch aus ökonomischen Gründen zu stärken.

6 Die sieben Quality-Pain-Points deutscher Unternehmen

Was sind nun beim Thema Qualität die wichtigsten Schmerzpunkte deutscher Unternehmen? Wodurch entstehen die zahlreichen Qualitätsprobleme und die damit verbundenen hohen Qualitätskosten? An welchen Hebeln können Unternehmen ansetzen, um ihre Qualitätssituation grundlegend und nachhaltig zu verbessern?

Im Rahmen unserer Qualitätsbewusstseinsstudie in über 200 Unternehmen fanden sich sieben Quality-Pain-Points (Bild 6.1), die wir hinsichtlich ihrer Auswirkungen auf die Qualitätsperformance näher charakterisieren konnten. Auf der Basis einer umfassenden Analyse der quantitativen und der qualitativen Daten aus den skalierten Aussagen und den offenen Fragen haben wir klare Handlungsempfehlungen formuliert, die Unternehmen helfen können, die richtigen Schritte auf dem Weg zur Qualitätsexzellenz zu gehen.

Pain point 1: Kein einheitliches Qualitätsverständnis

Pain point 2: Unzureichendes Qualitätsbewusstsein

Pain point 3: Qualität hat nicht immer höchste Priorität

Pain point 4: Qualitätsverluste an den Schnittstellen

Pain point 5: Führungskräfte, die nicht können und wollen

Pain point 6: Qualitätsprogramme, die nicht greifen

Pain point 7: Keine wirksame Qualitätskultur

Bild 6.1 Die wichtigsten Schmerzpunkte deutscher Unternehmen

6.1 Pain Point 1: Kein einheitliches Qualitätsverständnis

Knapp fünfzig Prozent der Studienteilnehmer antworteten auf die Frage nach einem einheitlichen Qualitätsverständnis in ihrem Unternehmen mit Aussagen wie: »Wir sprechen beim Thema Qualität von unterschiedlichen Dingen« oder »Jeder bei uns versteht unter Qualität etwas anderes« (Bild 6.2). Offenbar haben es viele Unternehmen also immer noch nicht geschafft, ein einheitliches Qualitätsverständnis zu entwickeln und es ihren Mitarbeitern zu vermitteln. Nur:

Wie soll ein für den Unternehmenserfolg außerordentlich wichtiges Thema verstanden und weiterentwickelt werden, wenn jeder etwas anderes darunter versteht?

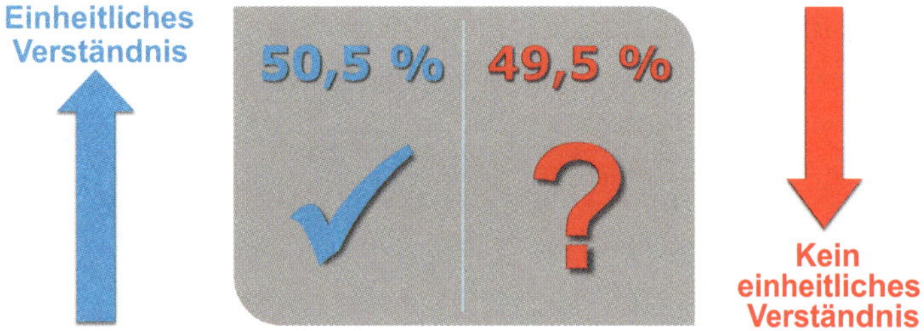

Bild 6.2 Vorhandensein von einheitlichem Qualitätsverständnis im Unternehmen

Die Gründe für das Fehlen eines einheitlichen Qualitätsverständnisses sind vielfältig:

- Qualität ist nicht eindeutig und verbindlich definiert und/oder das Verständnis von Qualität ist nicht bei allen Mitarbeitern gleich – wobei es in vielen Unternehmen bereits an einer einheitlichen Definition des Qualitätsbegriffs fehlt!
- Den Führungskräften mangelt es an einem handlungswirksamen Qualitätsbewusstsein und dem Willen, ihre Rolle als Qualitätsverantwortliche für alle sichtbar wahrzunehmen und damit durch ihr vorbildliches Handeln tagtäglich deutlich zu machen, was Qualität ist und was sie für ihr Unternehmen bedeutet.
- Daher fehlt es häufig an einer wirksamen Qualitätskultur, die vom Management jederzeit aktiv vorgelebt und wirksam nachgehalten wird und das Ziel hat, Qualität dauerhaft zu sichern und weiterzuentwickeln.
- Es gibt in vielen Unternehmen noch immer ein ausgeprägtes Silodenken. Die Bereiche ziehen nicht an einem Strang in die gleiche Richtung, sondern gehen bei auftretenden Schwierigkeiten lieber auf die Suche nach Schuldigen anstatt Qualitätsprobleme gemeinsam zu lösen oder vorausschauend zu vermeiden. Das führt im Regelfall zu einer nur befriedigenden Zusammenarbeit der verschiedenen Unternehmensbereiche und Hierarchieebenen mit viel »Luft nach oben« zur Verbesserung. Ein Indiz für ein bereichsübergreifendes, gemeinsames Verständnis und Leben von Qualität ist das sicher nicht.

6.2 Pain point 2: Unzureichendes Qualitätsbewusstsein

61 Prozent der von uns befragten Unternehmen ergreifen nach eigener Aussage aktiv Maßnahmen, um das Qualitätsbewusstsein ihrer Mitarbeiter zu beeinflussen (Bild 6.3). Allerdings sind die damit verbundenen Fortschritte bislang eher bescheiden.

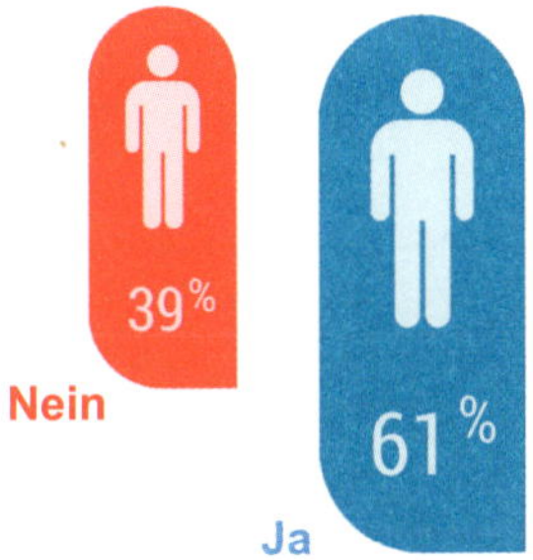

Bild 6.3 Maßnahmen zur Verbesserung des Qualitätsbewusstseins

Das kann unter anderem daran liegen, dass auch der Begriff »Qualitätsbewusstsein« – trotz seiner vielfachen Verwendung auf Homepages, in Broschüren und anderen Unternehmensmedien – schlichtweg nicht oder nicht ausreichend mit Leben gefüllt ist. So gaben rund 56 Prozent der befragten Unternehmen an, dass sie den Begriff des Qualitätsbewusstseins bisher nicht einheitlich festgelegt haben. Offenbar ist die große Bedeutung des Qualitätsbewusstseins von den meisten Unternehmen damit (immer) noch nicht ausreichend erkannt worden.

In diesem Zusammenhang zeigte sich auch, dass das Qualitätsbewusstsein in den Unternehmen über alle Hierarchieebenen hinweg bislang eher mittelmäßig ausgeprägt ist. Vor allem im unteren Management und auf der Mitarbeiterebene ist noch viel Luft nach oben (Bild 6.4). Aber auch das mittlere Management und sogar die obere Führungsebene zeigen nur eine mittlere bis hohe Ausprägung des Qualitätsbewusstseins. Das ist nun kein Indiz für ein sichtbares, top-down getriebenes Vorleben von Qualität.

Ein wesentlicher Grund dafür dürfte sein, dass sich die bisher ergriffenen Maßnahmen zur Beeinflussung des Qualitätsbewusstseins im Wesentlichen auf Schulungen, die Bildung von Arbeitsgruppen, Qualitätsaudits usw. beschränken. Was vor allem fehlt, ist eine stärkere Einbeziehung der Führungskräfte in den Prozess der Bewusstseinsentwicklung, sozusagen als Transmissionsriemen für ein ausgeprägtes und allgegenwärtiges Bewusstsein für Qualität.

> ! *Führungskräfte müssen in den Prozess der Steigerung des Qualitätsbewusstseins stärker einbezogen werden.*

6.3 Pain point 3: Qualität hat nicht immer höchste Priorität

Was uns aufgefallen ist, aber nicht überrascht hat, ist die Tatsache, dass mehr als 60 Prozent der Befragten angaben, Zielkonflikte zwischen Qualität, Lieferfähigkeit und Kosten seien häufig oder sehr häufig feststellbar. Nur knapp 40 Prozent ant-

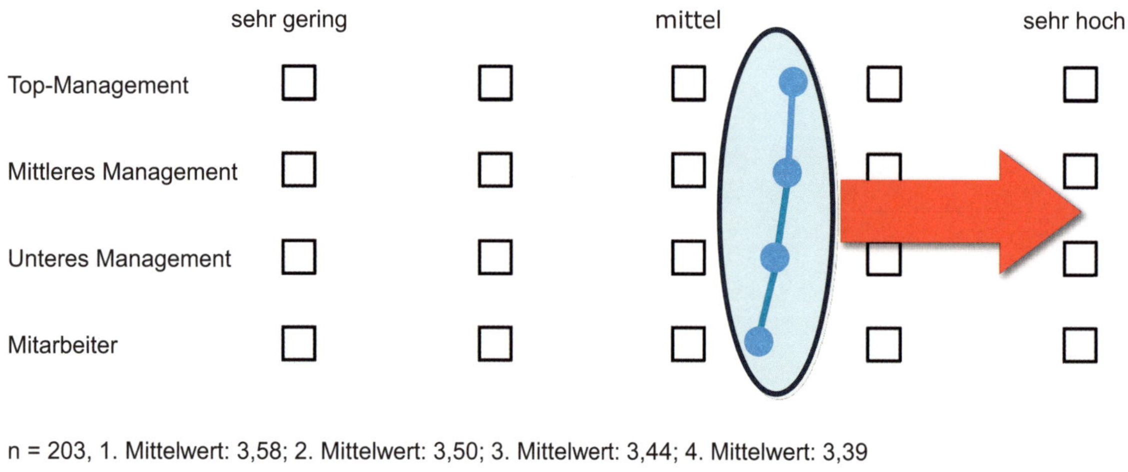

Bild 6.4 Ausprägung des Qualitätsbewusstseins: viel Luft nach oben

worteten, solche Konflikte träten nur teilweise, selten (8,4 Prozent) oder nie auf (3,5 Prozent). Damit zeigt sich auch in der Stichprobe der typische Umgang mit Zielkonflikten im QKL-Dreieck, die – ebenso typisch – meistens zu Lasten der Qualität gehen.

Auf die Frage, wie Qualität zum einen im »Normalfall« (reguläres Alltagsgeschäft ohne besondere qualitätsrelevante Vorkommnisse) und zum anderen im »Sonderfall« (zum Beispiel bei Lieferantenproblemen oder einer plötzlich erhöhten Kundennachfrage) priorisiert wird, zeigte sich in unserer Studie, dass Lieferfähigkeit generell vor Qualität kommt, während die Kosten im QKL-Dreieck grundsätzlich von nachrangiger Bedeutung sind und vor allem im Sonderfall (»Kunde droht mit Beschwerde«) eine deutlich untergeordnete Rolle spielen (Bild 6.5).

Dieses Studienergebnis deckt sich mit unseren Erfahrungen aus vielen Projekten zur Qualitätsoptimierung, in denen die Unternehmen zwar immer wieder auf die hohe Bedeutung des Erfolgsfaktors Qualität verweisen, im konkreten Fall dann aber Entscheidungen zugunsten der Lieferfähigkeit ihrer Produkte treffen.

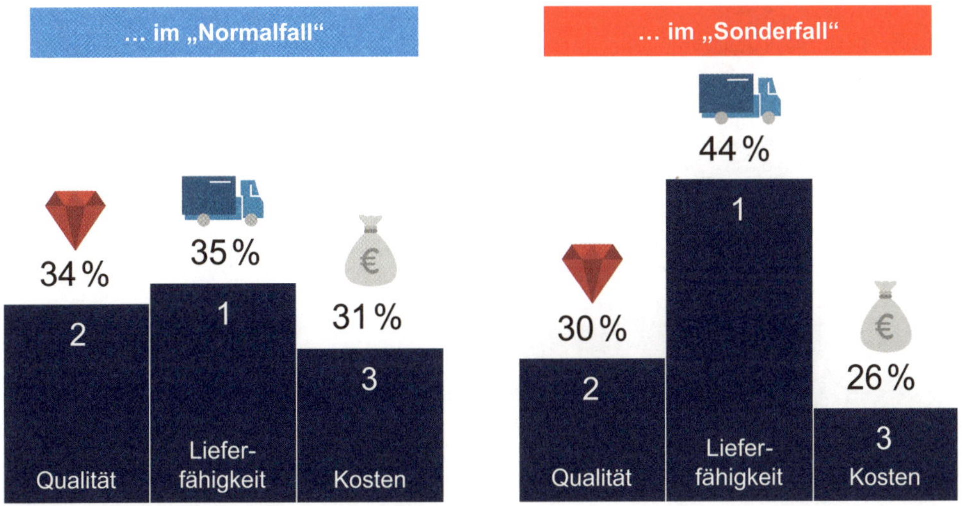

Bild 6.5 Entscheidungen meistens zugunsten der Lieferfähigkeit

6.4 Pain point 4: Qualitätsverluste an den Schnittstellen

Als besonders kritisch gilt der Erfolgsfaktor Qualität, wenn es um die schnittstellenübergreifende Zusammenarbeit entlang der Wertschöpfungskette geht (Bild 6.6). Hier sind Bereichsdenken und Hierarchiebarrieren immer noch wesentliche Stolpersteine auf dem Weg zur Qualitätsexzellenz. Die Philosophie »The next process is your customer« gilt häufig nur auf dem Papier des Qualitätsmanagement-Handbuchs. Im Zweifel gehen viele Führungskräfte und deren Mitarbeiter lieber auf die Suche nach den »Schuldigen«, anstatt die entstandenen Qualitätsprobleme effektiv und effizient zu lösen oder sie proaktiv zu vermeiden. Daraus ergibt sich bei der qualitätsbezogenen Zusammenarbeit nach wie vor noch ein erhebliches Verbesserungspotenzial.

Auf die Frage, wie die qualitätsbezogene Zusammenarbeit innerhalb einer Abteilung oder eines Bereichs, zwischen Organi-

Bild 6.6 Schlechte Werte für die schnittstellenübergreifende Zusammenarbeit

sationseinheiten im Normal- und Sonderfall oder zwischen den verschiedenen Hierarchieebenen erlebt wird, ergab sich ein differenziertes Bild: Während die abteilungs- und bereichsinterne Kooperation eher mit »gut« bewertet wird, funktioniert sie zwischen den einzelnen Organisationseinheiten eines Unternehmens ebenso wie zwischen den verschiedenen Hierarchieebenen eher befriedigend. Besonders gut läuft die schnittstellenübergreifende Zusammenarbeit dagegen im »Sonderfall«, also wenn ein spürbarer Kundendruck von außen vorhanden ist, der alle Prozessbeteiligten zur Kooperation zwingt.

Allerdings gibt es hinsichtlich der qualitätsbezogenen Zusammenarbeit in den meisten untersuchten Fällen noch ein erhebliches Verbesserungspotenzial (Bild 6.7), das die Unternehmen nutzen sollten, um ihren eigenen Ansprüchen zu genügen und den zunehmenden Anforderungen an eine hohe Prozessgeschwindigkeit und -qualität gerecht zu werden.

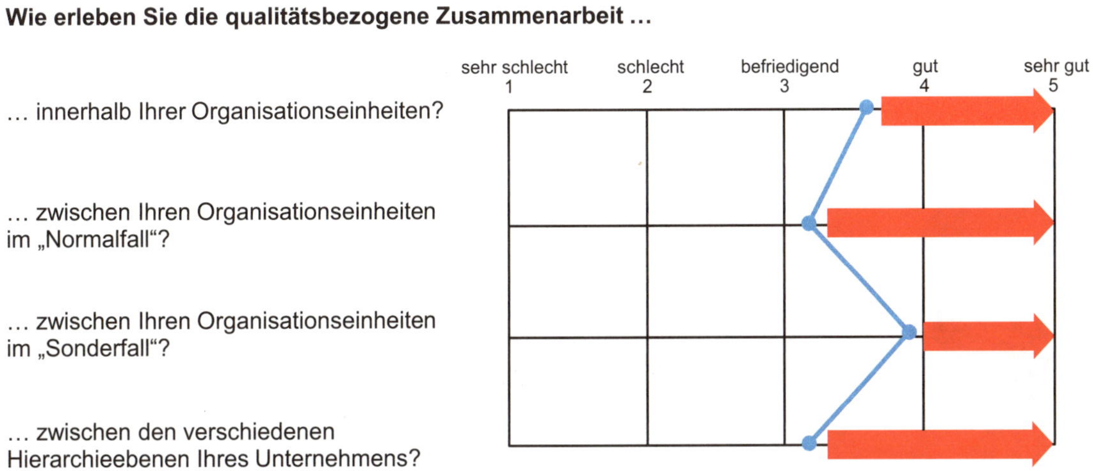

Bild 6.7 Verbesserungspotenzial bei der qualitätsbezogenen Zusammenarbeit

6.5 Pain point 5: Führungskräfte, die nicht können und wollen

Auf die Frage, ob die Führungskräfte ihre Rolle als Qualitätsverantwortliche aktiv wahrnehmen, antworteten in unserer Studie knapp sechzig Prozent der Befragten mit »nie« (3 Prozent), »selten« (22,8 Prozent) oder »teilweise« (30,7 Prozent). Nur 9,8 Prozent der Befragten antworteten mit »immer«. Offenbar mangelt es also häufig am Engagement der Führungskräfte für Qualität. Woran liegt das?

Möglicherweise daran, dass es den Führungskräften sowohl am Können als auch am Wollen fehlt. So gaben fast zwei Drittel der Befragten an, die Führungskräfte hätten zumindest teilweise nicht das fachlich-methodische Know-how (Können), um eine Qualitätskultur im Unternehmen zu verankern und die Unternehmensstrategie entsprechend auszurichten und umzusetzen (Bild 6.8). Noch bemerkenswerter ist jedoch die Tatsache, dass es bei ebenso vielen Führungskräften auch am Willen fehlt, sich für Qualitätsverbesserungen in ihrem Verantwortungsbereich einzusetzen. Das bedeutet nichts anderes, als dass fachliche QM-Schulungen nichts bringen – zumindest solange

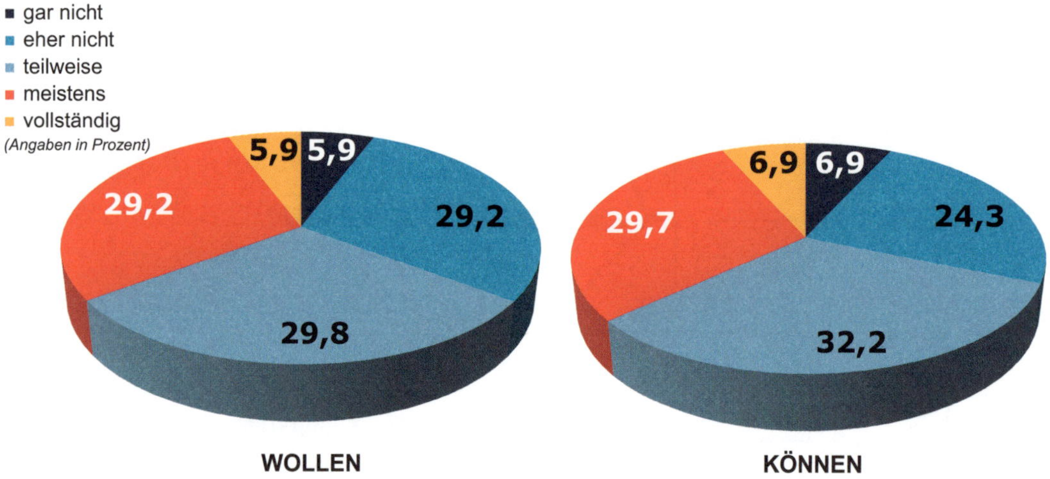

Bild 6.8 Qualitätsbewusste Führung: nur schwach ausgeprägt

kein Umsetzungswille erkennbar ist. Ein konkreter Handlungsbedarf im Hinblick auf eine qualitätsbewusste(re) Führung wird vor allem beim sichtbaren Vorleben von Qualität durch die Manager, bei der klaren Definition und eindeutigen Priorisierung von Qualitätszielen, der Verbesserung des Prozessverständnisses, der Durchführung von wirksamen Schulungsmaßnahmen und der Schaffung von mehr Transparenz hinsichtlich der Auswirkungen von Fehlern gesehen.

6.6 Pain point 6: Qualitätsprogramme, die nicht greifen

Drei Viertel der in unserer Studie befragten Unternehmen haben in den letzten drei Jahren Programme zur Verbesserung ihrer Qualität durchgeführt, die aber nicht immer die gewünschte Wirkung zeigten (Bild 6.9). Mehr als die Hälfte aller Programme entstand aufgrund von akuten Qualitätsproblemen.

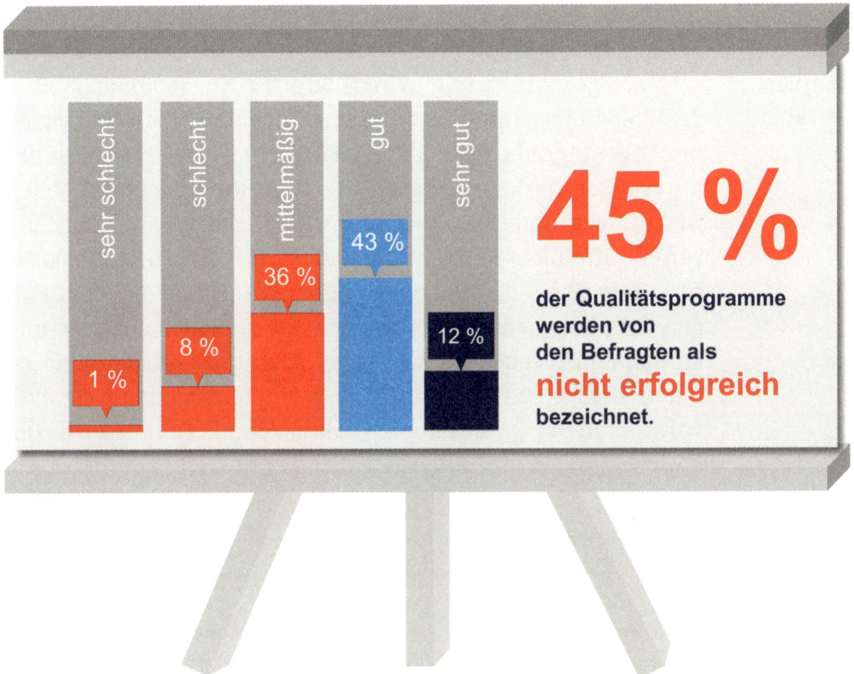

Bild 6.9 Qualitätsprogramme teilweise ohne Erfolg

Von den durchgeführten Kampagnen haben lediglich 43 Prozent auch verhaltensbezogene Aspekte mit einbezogen. Dabei hat sich gezeigt, dass die Berücksichtigung der sogenannten »weichen Faktoren« einen signifikant positiven Einfluss auf den Erfolg von Qualitätsprogrammen hat (zum Beispiel individuelle Bedürfnisorientierung, Motivationsaspekte, Wertschätzung, Umgang mit Kritik usw.). Die Bewertung des Programmerfolgs stieg dann im Durchschnitt der Stichprobe von »mittelmäßig« auf »gut«. Hier reichen standardisierte Schulungen oder die Bildung von Qualitätsarbeitsgruppen, die zu den am häufigsten genannten Maßnahmen gehören, allerdings nicht aus. Um auf der Bewusstseinsebene bei den Mitarbeitern einen wirklichen Wandel in Richtung einer höheren Aufmerksamkeit für »gute« Qualität zu erreichen, müssen die mentalen Faktoren ausreichend berücksichtigt werden.

Deshalb sollten die Aktivitäten zur Verbesserung der Qualität und des Qualitätsbewusstseins in den Unternehmen noch mehr auf die Führungskräfte und deren Einfluss auf das Denken und Handeln ihrer Mitarbeiter setzen. Gerade den Führungskräften aller Ebenen kommt eine wesentliche Multiplikatorfunktion zu, wenn es um eine flächendeckende und nachhaltige Bewusstseins- und Verhaltensänderung geht, denn in derartigen Veränderungssituationen ist ein konsequentes und jederzeitiges »Führen durch Vorbild« angesagt. Sorgfältig geplante und umfassend koordinierte Maßnahmen zur Qualitätsverbesserung sind damit grundsätzlich auch Programme zur Führungskräfteentwicklung. Auf diese Weise lässt sich die Erfolgswahrscheinlichkeit von Q-Programmen deutlich erhöhen und der mit ihnen verbundene Investitionsaufwand an Geld, Zeit und Energie reduzieren beziehungsweise wesentlich wirksamer nutzen.

6.7 Pain point 7: Keine wirksame Qualitätskultur

Lediglich 21 Prozent der Studienteilnehmer gaben an, das Top-Management sei der wichtigste Promotor der Qualitätskultur, gefolgt vom mittleren Management und den Mitarbeitern, die noch vor der unteren Führungsebene rangieren. Ganz vorne stand mit 25 Prozent der Nennungen der Qualitätsbereich. Nun ist es sicherlich die Aufgabe dieses Bereichs, das Thema Qualität als Fachpromotor voranzubringen und damit die Grundlage für eine wirksame Qualitätskultur zu legen; entscheidend für den Erfolg ist allerdings die unterstützende Rollenwahrnehmung durch die Machtpromotoren. Und genau daran fehlt es offenbar in vielen Unternehmen.

Insofern verwundert es nicht, dass die Qualitätskultur von 62 Prozent der Befragten als neutral, schwach oder sogar sehr schwach gekennzeichnet wird (Bild 6.10). Nur in knapp 40 Prozent der Unternehmen hat die Qualitätskultur die Wirkung eines Schwungrads, das das Thema Qualität in den Köpfen der Mitarbeiter stark in die gewünschte positive Richtung treibt. Die Hintergründe liegen auch hier auf der Hand: Was Führungskräfte nicht können und wollen, werden sie nicht vorleben. Gerade bei der Qualität muss aber das Management klar den Takt angeben. Hier ist vor allem das täglich sichtbar und konsequent gezeigte Qualitätsvorbild ein wesentlicher Erfolgsfaktor. Nur so lässt sich das Bewusstsein für exzellente Qualität wirksam in der Unternehmenskultur verankern und wird zum entscheidenden und dauerhaft wirksamen Wettbewerbsvorteil.

! *Qualitätsbewusstsein braucht starke Vorbilder.*

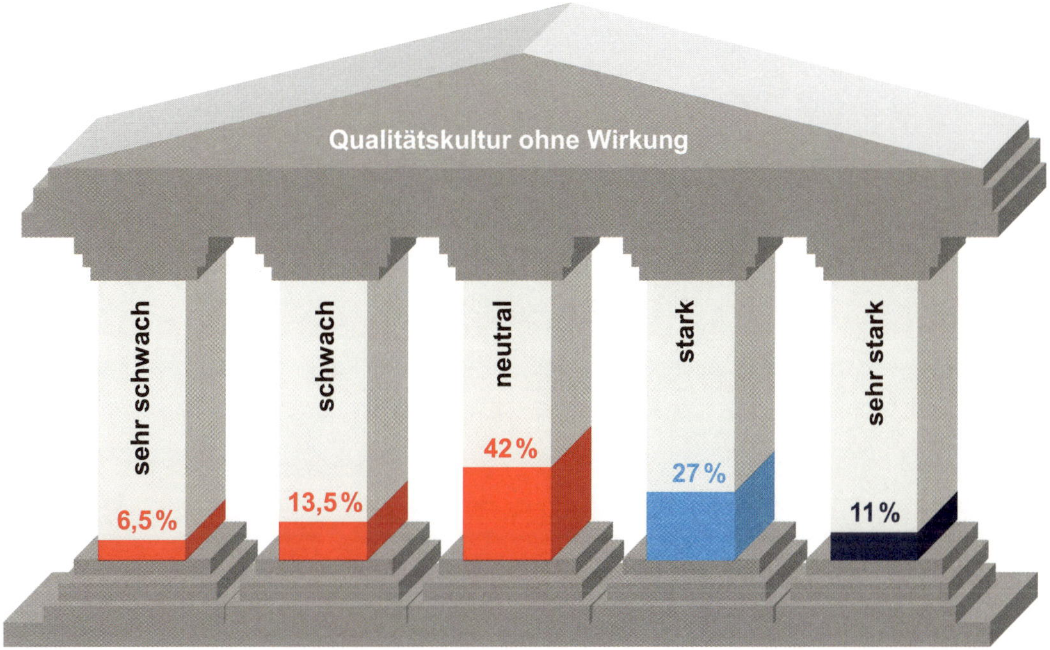

Bild 6.10 Schwach ausgeprägte Qualitätskultur

7

Was wünschen sich deutsche Qualitäts-manager?

Am Ende einer Befragung steht regelmäßig die sogenannte »Feenfrage«. Sie lautete in unserem Fall: »Was würden Sie sich in Bezug auf das Thema Qualitätsbewusstsein in Ihrem Unternehmen wünschen, wenn Sie einen Wunsch frei hätten?« Einige wörtliche Aussagen vermitteln einen guten Einblick in die Wünsche der Befragten (Bild 7.1).

Insgesamt standen vor allem die »weichen Faktoren« auf der Wunschliste der Studienteilnehmer. So wurde an erster Stelle ein klares und eindeutiges Commitment aller Führungskräfte zu einer Weiterentwicklung des Qualitätsbewusstseins genannt. An zweiter Stelle stand der Wunsch nach einem ganzheitlichen Qualitätsverständnis im Unternehmen und als Drittes wurde die (Weiter-)Entwicklung einer wirksamen Qualitätskultur über alle Bereiche und Hierarchieebenen hinweg gewünscht.

Zusammenfassend kann man sagen, dass vor allem die schwer und nur langfristig zu verändernden Erfolgsfaktoren in die Zu-

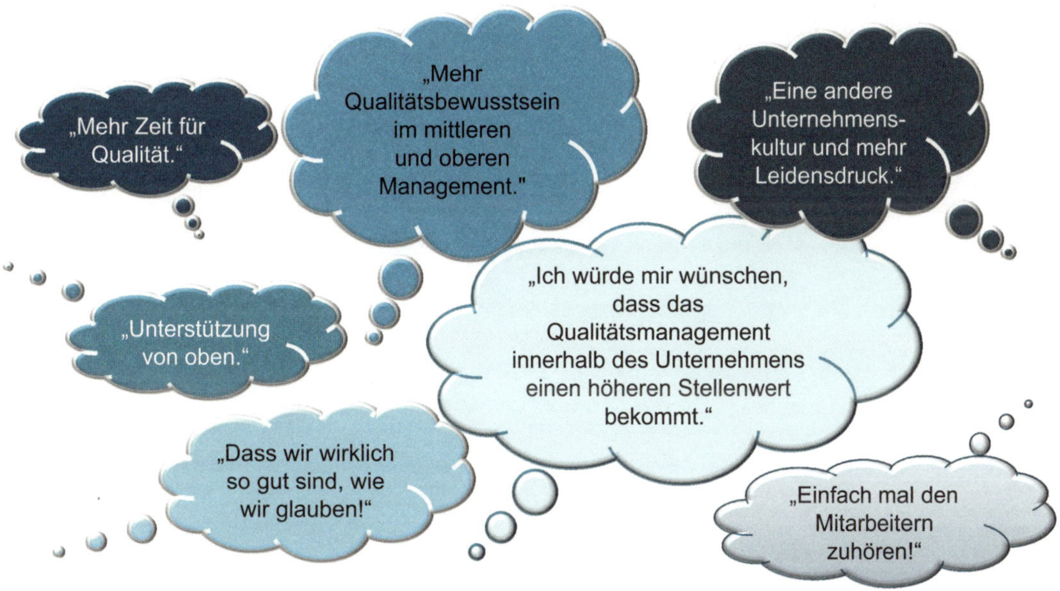

Bild 7.1 Was sich Qualitätsmanager wünschen

ständigkeit der »guten Fee« fallen. Dem liegt die Erfahrung der Befragten zugrunde, dass die Veränderung von Denk- und Verhaltensweisen ein zumeist weder leichter noch schnell zum Ziel führender Weg ist.

Allerdings zeigen die geäußerten Wünsche eindrucksvoll, dass es gerade hinsichtlich des Qualitätsbewusstseins sehr viele Hoffnungen gibt, von deren Erfüllung ein äußerst positiver Einfluss auf die gelebte Qualitätskultur und damit letztendlich auf die reale Qualitätssituation eines Unternehmens erwartet wird. Unsere Studienteilnehmer wissen also sehr wohl, worauf es ankommt. Allerdings fehlt offenbar in den meisten Unternehmen noch die gute Fee in Form eines klaren Top-Management-Commitments und entsprechender Ressourcen.

! *Es fehlt an einem klaren Top-Management-Commitment und entsprechenden Ressourcen, um die Umsetzung dieses Wissens in ein wirksames Handeln zu ermöglichen.*

8

Wodurch unterscheiden sich Quality-High- von Quality-Low-Performern?

Um zu möglichst konkreten Handlungsempfehlungen zu kommen, haben wir basierend auf der Anzahl der in den letzten drei Geschäftsjahren aufgetretenen Qualitäts- und Sicherheitsprobleme zwei Unternehmenscluster voneinander unterschieden: das Cluster der High-Performer und das Cluster der Low-Performer.

Dabei zeigte sich, dass die High-Performer fast vollständig bereichsübergreifende Qualitätsziele definieren und sich damit bewusst an der Wertschöpfungskette und nicht an den Interessen einzelner Bereiche orientieren, dass sie über ein stark ausgeprägtes Qualitätsbewusstsein verfügen, eine gute bereichs- und hierarchieübergreifende Zusammenarbeit haben und dass ihre Führungskräfte sich fast immer persönlich für Qualität verantwortlich fühlen.

! *High-Performer verfügen über ein stark ausgeprägtes Qualitätsbewusstsein und Führungskräfte, die ihre Qualitätsverantwortung aktiv wahrnehmen.*

Bei der erfolgreichen Umsetzung von Qualitätsverbesserungsprogrammen erreichen aber selbst die Top-Unternehmen nur Mittelwerte und haben noch einen erheblichen Verbesserungsbedarf (Bild 8.1). Dies mag auch in dieser Spitzengruppe an der immer noch unzureichenden Berücksichtigung der Verhaltensebene liegen, ohne die auch ein noch so gut geplantes Q-Programm keine nachhaltige Wirkung entfalten kann.

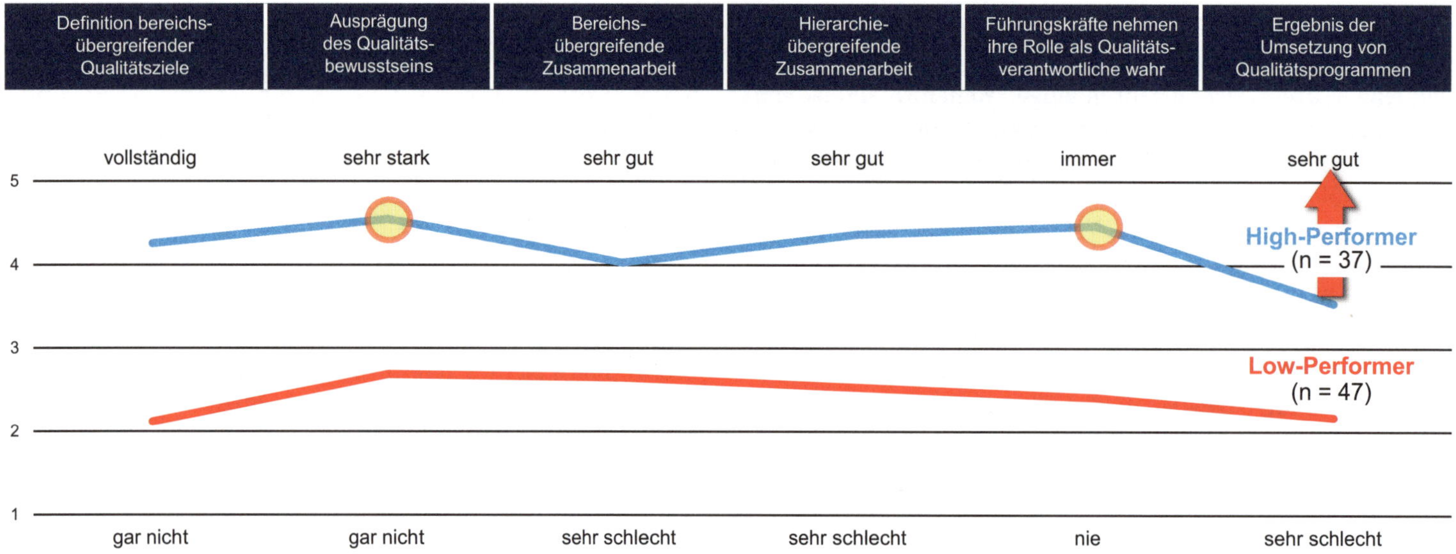

Bild 8.1 Auch Top-Unternehmen haben noch Verbesserungspotenzial

9

Was können Unternehmen tun, um qualitätsexzellent zu werden?

Die folgenden neun Handlungsempfehlungen basieren auf unseren Studienergebnissen. Sie geben wertvolle Hinweise, was auf dem Weg zur Qualitätsexzellenz besonders beachtet werden sollte. Wenn es allerdings darum geht, in einem Unternehmen ein (neues) Qualitätsverbesserungsprogramm zu initiieren und umzusetzen, ist es sinnvoll, zunächst die Ausgangssituation ebenso gründlich wie (selbst)kritisch zu analysieren. Das klingt trivial, ist es aber nicht. Denn viele Verbesserungsprogramme setzen nicht auf einer wirklich differenzierten Analyse auf. Außerdem berücksichtigen sie den »Faktor Mensch« unzureichend oder gar nicht und beschränken sich stattdessen auf methodisch-strukturelle Aspekte. Das führt spätestens nach Abschluss des Programms zu einem »Versanden« der Bemühungen.

Wie ein Vorgehen ganz konkret aussehen sollte, um derartige »Strohfeuereffekte« ohne eine nachhaltige Wirksamkeit zu vermeiden, sehen wir später anhand der Quality-Awareness-Methode. Grundsätzlich gilt hier der Satz »Maßarbeit statt Konfektion!«, das heißt der Weg zur Qualitätsexzellenz sieht für jedes einzelne Unternehmen anders aus. Einen »One-best-way« gibt es nicht.

! *Analysieren Sie im ersten Schritt Ihre Ausgangssituation: gründlich und (selbst)kritisch.*

9.1 Definieren Sie, was Qualität in Ihrem Unternehmen heißt!

Wie sollen sich Mitarbeiter jederzeit für eine bessere Produkt- und Prozessqualität einsetzen, wenn es unterschiedliche Meinungen darüber gibt, was unter »Qualität« zu verstehen ist, und dies unternehmenseinheitlich definiert wurde? Ein übereinstimmendes Qualitätsverständnis, das von den Führungskräften sichtbar vertreten und tagtäglich aktiv vorgelebt wird, gibt den Mitarbeitern eine verbindliche Orientierung. Allen ist klar, was gemeint ist und welche Anforderungen es zu erfüllen gilt. Jeder Mitarbeiter weiß, was von ihm gefordert wird. Missverständnisse und ein Handeln nach dem »Sankt-Florians-Prinzip« (»Heiliger Sankt Florian, verschon' mein Haus, zünd' andere an«) lassen sich so vermeiden. Stattdessen werden das individuelle und das kollektive Qualitätsbewusstsein gefördert und die Verantwortung für Qualität in die Hände aller Mitarbeiter gelegt.

9.2 Stimmen Sie Ihre Qualitätsziele diagonal ab!

Zielkonflikte zwischen Qualität, Lieferfähigkeit und Kosten sind in den meisten Unternehmen an der Tagesordnung. Wie wir gesehen haben, wird dann häufig Lieferfähigkeit priorisiert. Ebenso häufig wird aber versäumt, den Mitarbeitern zu erklären, warum in einem konkreten Fall beispielsweise die Produktqualität erst an zweiter Stelle kommt. Das führt regelmäßig zu Irritationen und zu einem diffusen Qualitätsverständnis. Wesentlich einfacher und klarer ist es, wenn die Qualitätsziele von Anfang an sowohl bereichsübergreifend (horizontal) als auch hierarchieübergreifend (vertikal) aufeinander abgestimmt werden. Durch diese diagonale Zielharmonisierung lassen sich dysfunktionale Zielkonflikte und die damit verbundenen negativen Folgen auf das Qualitätsergebnis und die Mitarbeitermotivation weitgehend vermeiden. Schließlich gilt: Wer Lieferfähigkeit in jedem Fall priorisiert, muss sich über Qualitätsprobleme nicht wundern. Ein übereinstimmendes Qualitätsverständnis im Unternehmen fördert die Harmonisierung der Qualitätsziele nach unserer Studie übrigens signifikant.

> **!** *Ein übereinstimmendes Qualitätsverständnis fördert die Umsetzung der Qualitätsziele signifikant.*

9.3 Integrieren Sie die Qualitätsstrategie in Ihre Unternehmensstrategie!

75 Prozent der befragten Unternehmen haben angegeben, dass ihre Qualitätsstrategie ein integraler Bestandteil ihrer Unternehmensstrategie ist. Das gibt dem Thema »Qualität« im wahrsten Sinne des Wortes eine strategische Orientierung und führt dazu, dass Qualitätsaspekte bei allen grundlegenden und langfristig wirksamen Entscheidungen berücksichtigt werden. Insbesondere bei der Frage, welche finanziellen und personellen Ressourcen für die Erhaltung oder die Verbesserung der Unternehmensqualität eingesetzt werden sollen, hat dies eine besondere Bedeutung. Letztendlich wird so sichergestellt, dass Qualität zu einem zentralen Erfolgsfaktor wird, dem auch seitens des Top-Managements eine sichtbare Wertschätzung entgegengebracht wird. Was offen bleibt, ist die Antwort auf die Frage, warum es dann in deutlich mehr als 25 Prozent der Unternehmen in unserer Stichprobe an etlichen Stellen erhebliche Qualitäts- und Qualitätsbewusstseinsdefizite gibt, obwohl diese ja eine verabschiedete Qualitätsstrategie haben. Hier können wir nur mutmaßen, dass es in solchen Fällen an der konsequenten operativen Umsetzung der Qualitätsstrategie bis auf Mitarbeiterebene fehlt. Strategien und die aus ihnen abgeleiteten strategischen und operativen Maßnahmen sind aber nur so gut, wie ihre tatsächliche Umsetzung!

Trotz Qualitätsstrategie gibt es in mehr als 25 Prozent der Unternehmen erhebliche Qualitäts- und Qualitätsbewusstseinsdefizite!

9.4 Fördern Sie die qualitätsbezogene Zusammenarbeit!

Wir haben in unserer Studie nachgewiesen, dass Bereichs- und Hierarchiebarrieren wesentliche Stolpersteine auf dem Weg zur Qualitätsexzellenz sind. Wenn einzelne Führungskräfte versuchen, ihren Bereich und sich selber aus der Qualitätsverantwortung zu nehmen und stattdessen bei auftretenden Qualitätsproblemen lieber auf die Suche nach Schuldigen gehen, ist ein schnelles und konsequentes Handeln gefragt. Hier bietet die schnittstellenübergreifende Zusammenarbeit noch wesentliche Verbesserungspotenziale, vor allem im »Normalfall«, das heißt in einer Situation ohne signifikante Qualitätsprobleme. Demgegenüber funktioniert die Kooperation beim Auftreten von konkreten Qualitätsproblemen ein Stück weit besser, aber immer noch nicht wirklich gut. Hier können entsprechende Maßnahmen, wie Prozess- und Schnittstellen-Workshops, Kooperationstrainings, klare und verbindliche Vorgaben von Seiten des Top-Managements und nicht zuletzt ein die bereichsübergreifende Zielerreichung honorierendes Vergütungssystem mit KPI-bezogenen variablen Bestandteilen, erhebliche Verbesserungen bewirken. Schließlich sollen auch die Führungskräfte der einzelnen Organisationseinheiten lernen, dass eine konstruktive Zusammenarbeit wirkungsvoller und für jeden Einzelnen stressfreier ist, als die laufende Auseinandersetzung um die Frage, wer denn nun welches Qualitäts- oder Sicherheitsproblem zu verantworten hat.

Bereichs- und Hierarchiebarrieren sind wesentliche Stolpersteine auf dem Weg zur Qualitätsexzellenz.

9.5 Überwinden Sie Schnittstellenprobleme konsequent und nachhaltig!

Qualitäts- und Sicherheitsprobleme sind oftmals das Ergebnis von Kommunikations- und Kooperationsproblemen an dem Übergang von einem Verantwortungsbereich in den anderen. Gerade wenn Fehler aufgetreten sind, führt das für viele Unternehmen nach wie vor typische »Silodenken« einzelner Organisationseinheiten regelmäßig zu einem Hin- und Herschieben der Verantwortung für diese Fehler. In solchen Fällen ist nicht nur die Weiterentwicklung der Fehlerkultur sinnvoll, sondern auch die Bildung crossfunktionaler Teams zur gemeinsamen Suche nach den Fehlerursachen , um diese schnell und wirksam zu beseitigen. Das trägt in der Regel auch zur Verbesserung des bereichsübergreifenden Klimas und zur bewussteren Wahrnehmung der Prozessverantwortung bei. Hier ist eine interne Kundenorientierung angesagt, die Value Added generiert, anstatt Werte zu vernichten. Gemeint ist damit nicht nur »waste-of-time« und »waste-of-money«, sondern auch »waste-of-values«, also die Demontage von oftmals hehren Leitbild-Werten, die allerdings nie gelebt worden sind. Idealerweise entwickelt sich so im Laufe der Zeit eine Kultur der qualitätszielgerichteten Kooperation aller Prozessbeteiligten.

9.6 Berücksichtigen Sie verhaltensbezogene Aspekte in Ihren Qualitätsprogrammen!

Viele Qualitätsverbesserungsprogramme setzen auf Methodentrainings und die Vermittlung von Qualitätstechniken. Das ist vordergründig in Ordnung, denn die Beherrschung des QM-Handwerkszeugs ist im Tagesgeschäft eine solide Grundlage für die Entwicklung und Umsetzung von Maßnahmen zur Qualitätsverbesserung. Allerdings bewirken nicht alle Verfahren und Methoden auch eine Veränderung des Verhaltens in Bezug auf Qualität. Sie vermitteln vielmehr so etwas wie eine Schein-Sicherheit und das Gefühl, die Qualitätssituation fachlich-methodisch beherrschen zu können. Wesentlich für den Erfolg derartiger Kampagnen ist nach unseren Erkenntnissen aber die Integration von verhaltensbezogenen Elementen. Hierzu gehören beispielsweise Workshops, in denen entlang der Prozesskette von der Produktidee bis zur Auslieferung des Produkts an den Kunden mit allen Prozessbeteiligten gemeinsam gearbeitet wird. Und das nicht in einer Laborsituation, sondern anhand ganz realer und für das Unternehmen alltäglicher Problemstellungen. Als besonders wirksam hat sich die Einbindung von Mitarbeitern aller Führungsebenen und aller Unternehmensbereiche bereits in der Analyse- und Konzeptionsphase derartiger Programme erwiesen, vor allem dann, wenn sie beispielsweise mithilfe von mündlichen Befragungen auf der Grundlage der Quality-Awareness-Methode auf eine breite empirische Grundlage gestellt werden und eine hohe Akzeptanz erfahren sollen. Ergänzend lassen sich die typischen Erfolgsfaktoren des Change Managements übertragen, wie beispielsweise eine Qualitätsexzellenz-Vision, die Vermittlung der Notwendigkeit eines solchen Programms, ein klares Top-Management-Commitment zum Programm und eine begleitende zielgruppenbezogene Informations- und Kommunikationspolitik.

! *Besonders wirksam: Mitarbeiter aller Führungsebenen und aller Unternehmensbereiche bereits in der Analyse- und Konzeptionsphase einbinden!*

9.7 Machen Sie das Qualitätsbewusstsein Ihrer Mitarbeiter zur Top-Management-Aufgabe!

Eine Antwort auf unsere Feenfrage lautete: »Mehr Qualitätsbewusstsein im mittleren und oberen Management«. Diese Antwort und auch zahlreiche ähnliche Aussagen zeigen, dass es ein unmissverständliches Commitment der Führungskräfte zur Qualität und zum Qualitätsbewusstsein geben muss. Dabei reicht es nicht aus, wenn die obere Ebene einmalig ein »Jahr der Qualität« oder Ähnliches ausruft und sich dann um die Maßnahmen und deren Wirkungen nicht weiter kümmert. Vielmehr müssen alle Führungskräfte konsequent und dauerhaft auf die Verbesserung der Unternehmensqualität hin ausgerichtet werden. Das ist eine Führungsaufgabe der ersten Managementebene, die nicht delegierbar ist (zum Beispiel an den Qualitätsbereich). Der Vorstand oder die Geschäftsführung muss jederzeit und immer wieder unmissverständlich deutlich machen, dass Qualität oberstes Ziel ist – auch im eigenen Entscheiden und Handeln! Das heißt, dass hierfür ausreichende Ressourcen bereitgestellt und entsprechende Entscheidungs- und Handlungskompetenzen in der Unternehmensorganisation verortet werden müssen. Nur so kann der Funke überspringen und in jedem Mitarbeiter eine Flamme für Qualität entzünden, die dauerhaft brennt.

Alle Führungskräfte müssen konsequent und dauerhaft auf die Verbesserung der Unternehmensqualität hin ausgerichtet werden.

9.8 Nehmen Sie Ihre Führungskräfte für alle sichtbar in die Pflicht!

Qualitätsexzellenz sicherzustellen ist eine originäre Führungsaufgabe. Um diese wirksam wahrzunehmen, sind sowohl ein angemessenes Know-how, eine entsprechende innere Haltung als auch der Wille zur Tat erforderlich. Diese Voraussetzungen erfüllen im Regelfall nicht alle Führungskräfte eines Unternehmens gleichermaßen. Sie sind aber zwingend notwendig, um einen langfristigen Qualitätserfolg zu haben. Das bedeutet, dass den Führungskräften die Möglichkeit gegeben werden sollte, sich diesbezüglich in einem angemessenen Zeitraum weiterzuentwickeln. Es bedeutet aber auch, dass die Zeitspanne – wir können auch von einer »Schonfrist« reden – zu einem definierten Zeitpunkt endet. Dann ist von allen Führungskräften zu erwarten, dass sie die Qualitätsziele energisch verfolgen und dabei auch vor möglichen (produktiven!) Konflikten nicht zurückschrecken. Der Qualitätsbereich kann sowohl bei der Weiterentwicklung der Führungskräfte als auch bei der Umsetzung des Qualitätsgedankens eine wertvolle Hilfestellung leisten – mehr aber auch nicht. Schlussendlich ist es auch hier wieder die Aufgabe der Unternehmensführung, ihre nachgeordneten Führungskräfte wertschätzend, konsequent und für alle sichtbar in die Pflicht zu nehmen. Führungsqualität heißt dann dementsprechend: Es gibt immer eine zweite Chance ... aber eben nur eine!

Das Top-Management muss alle Führungskräfte in die Pflicht nehmen.

9.9 Vermeiden Sie die »erfolgsgefährdende Wirkung des Erfolgs«!

Oftmals bewirkt der vermeintlich erfolgreiche Abschluss eines Qualitätsverbesserungsprogramms ein Nachlassen der Bemühungen um weitere Qualitätsfortschritte. Vieles wird nach kurzer Zeit als selbstverständlich angesehen und genießt nur noch eine geringe oder gar keine Aufmerksamkeit mehr. Im Ergebnis sind sich die Qualitätsverantwortlichen – und das sind alle Mitarbeiter eines Unternehmens – dann nicht mehr bewusst, was diese Nachlässigkeiten an Problemen hervorrufen können, bis sie von der Realität eingeholt werden. Welche dramatischen Folgen das für das Unternehmen haben kann, zeigen die zahlreichen und am Beginn dieses Buchs auszugsweise skizzierten Problemfälle der letzten Jahre eindrucksvoll: BSH-Geschirrspüler, Takata-Airbags, Mars-Riegel und viele andere. Deshalb heißt die Parole: Aufmerksam bleiben, weitermachen, besser werden! Gerade die dauerhafte Fokussierung der Anstrengungen auf die Bewusstseinsebene vermeidet ein für die Unternehmensqualität schädliches »Vergessen«. In Verbindung mit entsprechenden technischen und organisatorischen Maßnahmen steht dagegen einer dauerhaften Qualitätsführerschaft nichts mehr im Wege!

! *Aufmerksam bleiben, weitermachen, besser werden!*

Unsere CMI-Studie hat gezeigt, was Unternehmen hinsichtlich Qualität und Qualitätsbewusstsein derzeit beschäftigt, wo es Handlungsbedarf gibt und auf welche Faktoren die Verantwortlichen besonders achten sollten, wenn sie im globalen Qualitätswettbewerb ganz vorne mit dabei sein wollen.

Sicher denkt der eine oder andere Leser, respektive die eine oder andere Leserin, an dieser Stelle: Eigentlich sind die Erkenntnisse für mich nicht neu, das habe ich mir doch längst genauso gedacht. Mag sein, nur empirische Studien mit einem großen Stichprobenumfang haben nun einmal den Vorteil, dass sie konkret belegen, ob es anderen möglicherweise genauso geht oder nicht, wo die Unterschiede liegen und was Höchstleister auszeichnet. Vielleicht lassen sich hieraus hilfreiche Schlussfolgerungen für das eigene Handeln ziehen und vielleicht tragen sie als Argumentationshilfe dazu bei, den »bias for action« zu überwinden.

Offen bleibt dann aber immer noch die konkrete Antwort auf die entscheidende Frage, welche ganz spezifischen Erfolgsfaktoren für die Erreichung von Qualitätsexzellenz in Ihrem Unternehmen relevant sind, wie Sie diese identifizieren können und wie Sie konkret vorgehen sollten, um eine noch höhere Produkt-, Prozess- und Unternehmensqualität zu erreichen.

Schauen Sie sich also einmal die folgende Frage an und notieren Sie die wichtigsten Einflussgrößen auf das Qualitätsbewusstsein der Mitarbeiter in Ihrem Unternehmen beziehungsweise in Ihrem Verantwortungsbereich.

Die »Gretchenfrage« lautet

WISSEN SIE, WELCHE FAKTOREN DAS

QUALITÄTS-BEWUSSTSEIN

IHRER MITARBEITER BEEINFLUSSEN?

DAS SIND DIE WICHTIGSTEN EINFLUSSGRÖSSEN AUF DAS QUALITÄTSBEWUSSTSEIN:

Beispiel 1: Schuld und Sühne

An einem Januartag des letzten Jahres sind wir zu einem Gespräch mit dem Vice President Quality eines bekannten Automobilzulieferers eingeladen. Was uns als Erstes im Besprechungsraum des Qualitätsbereichs auffällt, ist ein Flipchart, das von einer dort kurz zuvor beendeten Besprechung stammt. Auf diesem Flip ist zu lesen, dass es offenbar vor kurzem ein Problem mit einer sicherheitsrelevanten Komponente gegeben hat (»Gefahr für Leib und Leben«), das im Fall der Auslieferung möglicherweise eine Reaktionspflicht des Herstellers durch eine breit angelegte Warnaktion oder sogar einen Rückruf nach sich ziehen würde. Eine Task-Force hat sich damit befasst und nach geeigneten Maßnahmen gesucht, um das Problem zu beseitigen und einen Schaden vorausschauend abzuwenden. Für ein Unternehmen dieser Art und Klasse ein völlig normaler Vorgang, den man sich zwar nicht wünscht, der aber immer wieder einmal auftreten kann, insbesondere bei Neukomponenten, mit denen noch keine umfassenden Felderfahrungen vorliegen. Im Prinzip wäre der im Besprechungsraum dokumentierte Sachverhalt auch für einen externen Qualitätsexperten nicht weiter auffällig gewesen, wenn da nicht auf besagtem Flipchart in roter Farbe gestanden hätte: »Schuld → Teilschuld → Teilschuld«.

In unserem zweistündigen Gespräch mit dem Qualitätschef geht es um die gegenwärtige Qualitätskultur in seinem Unternehmen und um Möglichkeiten, diese weiterzuentwickeln. Gegen Ende des Gesprächs müssen wir dann aber doch noch die Frage stellen, was es denn mit dem Flipchart und der roten Schrift auf sich hat: »Schuld, Teilschuld« seien doch, wenn man mögliche produkthaftungs- oder sogar strafrechtliche Aspekte eines Versagens des sicherheitsrelevanten Bauteils einmal außen vor lässt, eher ethisch-moralische Begriffe als eine Beschreibung der Verantwortung für ein bestimmtes Qualitätsproblem.

Daraufhin klärt uns der VP Quality auf: In seinem Unternehmen sei es leider regelmäßig so, dass die Prozessbeteiligten bei gravierenden Qualitätsproblemen alle Anstrengungen unternehmen würden, die »Schuld« für das Problem bei anderen Beteiligten in der Prozesskette zu suchen. Auf den Einwand, dass ein derart prozessorientiertes Unternehmen doch dem Grundsatz des Prozessmanagements »blame the system« folgen müsse, also der Frage nachzugehen habe, was denn systemseitig das Problem verursacht habe und wie dieser Systemfehler dauerhaft zu beseitigen sei, kommt als Antwort ein entschiedenes »Ja, aber …«.

Kurzum, es stellt sich heraus, dass es in vergleichbaren Fällen seit Jahren das Handlungsmuster gibt, die Verantwortung (»Schuld«) bei anderen zu suchen. Dem sind die Führungskräfte bis hin zum Top-Management bislang offenbar nicht entschieden genug entgegengetreten. Damit ist dieses Verhalten zu einem dominanten Bestandteil des kollektiven Bewusstseins geworden, der von den meisten als »normal« empfunden und nicht (mehr) hinterfragt wird. Offenbar bedarf es hier also eines grundlegenden mentalen Wandels, um wieder zu einem Verständnis zu kommen, das der Problemlösung und nicht der Problemverlagerung dient.

10 Die Grundgedanken der Quality-Awareness-Methode

Die Quality-Awareness-Methode beantwortet die Frage, welche Einflussgrößen in Ihrem Unternehmen das Qualitätsbewusstsein Ihrer Mitarbeiter beeinflussen, konkret, transparent und nachvollziehbar. Damit erhalten Sie gesicherte Informationen über den Stand des Qualitätsbewusstseins im gesamten Unternehmen, an einzelnen Standorten, in den Landesgesellschaften oder auch in anderen Organisationseinheiten. Das ist wichtig, denn kulturelle Besonderheiten können eine entscheidende Rolle bei der Frage spielen, welche Maßnahmen empfehlenswert sind und welche nicht, um das Qualitätsbewusstsein gezielt weiterzuentwickeln.

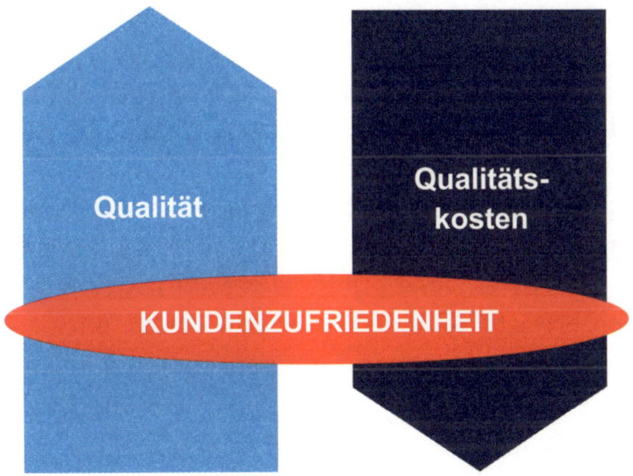

Bild 10.1 Die drei Ziele der Quality-Awareness-Methode

Allerdings geht es nicht nur um einen Erkenntnisgewinn und die Initiierung eines mentalen Wandels. Letztendlich geht es beim Einsatz der Quality-Awareness-Methode um drei Zielsetzungen (Bild 10.1):

- Erstens sollen die Produkt-, die Prozess- und die Unternehmensqualität deutlich und nachhaltig verbessert werden. Das klare Ziel lautet: exzellente Produkte durch exzellente Prozesse in einem exzellenten Unternehmen.
- Zweitens sind die Qualitätskosten auf der Grundlage einer wesentlich verbesserten Qualitätssituation signifikant und nachhaltig wirksam zu reduzieren.
- Beides dient drittens der Steigerung der Kundenzufriedenheit, die im Mittelpunkt des Bemühens um eine exzellente Qualität stehen muss.

Die Schritte zur Verbesserung der Qualitätssituation erfordern ein Investment: Zeit, Energie, Nerven und last-but-not-least auch Geld. Allerdings lohnt sich der Aufwand, denn nichts ist auf Dauer motivierender und ökonomisch sinnvoller als ein hohes Qualitätsniveau mit exzellenten Produkten und Dienstleistungen – nicht erst seitdem die Chinesen mit ihrer Strategie »Made in China 2025« die globale Qualitäts- und Innovationsführerschaft anstreben.

Für deutsche Unternehmen heißt das insbesondere in einer schwieriger werdenden konjunkturellen Lage: Der Druck auch auf die Qualität nimmt zu und der Erhalt der Spitzenklasse erfordert harte Arbeit!

! *Ein hohes Qualitätsniveau mit exzellenten Produkten und Dienstleistungen zahlt sich auf Dauer aus.*

Bereits im Jahr 2006 entstand auf der Grundlage von empirischen Studien, Praxisprojekten und zahlreichen Gesprächen mit Qualitätsexperten in Kooperation mit der Knorr-Bremse AG ein wissenschaftlich fundiertes Verfahren zur systematischen Erhebung, Analyse und Interpretation des Qualitätsbewusstseins von Mitarbeitern mit und ohne Führungsverantwortung: Die Quality-Awareness-Methode (QAM). Dieses Verfahren zur Entwicklung einer exzellenten Produkt-, Prozess- und Unternehmensqualität hat sich bis heute in zahlreichen Quality-Awareness-Projekten bewährt und bietet Unternehmen damit auch die Möglichkeit, ihre Position im branchenübergreifenden Unternehmensvergleich kennenzulernen und Best-practice-Ansätze zu nutzen.

10.1 Wie funktioniert die Quality-Awareness-Methode?

Aufbauend auf einem Ursache-Wirkungs-Modell bildet die QAM anhand von empirisch geprüften Hypothesen die Wirkung von bestimmten Faktorengruppen (F_1, F_2, ... F_n) auf die beiden Zielvariablen Qualitätsbewusstsein und Qualitätshandeln ab und ermöglicht so eine präzise Identifikation sowohl der Ursachen von Qualitätsdefiziten als auch der Gründe für herausragende Qualitätsleistungen (Bild 10.2). Die so in einem Unternehmen ermittelten spezifischen Wirkungszusammenhänge sind wiederum die Grundlage für die Formulierung von sehr genauen und situationsgerechten Handlungsempfehlungen zur wirksamen und nachhaltigen Qualitätsverbesserung.

Durch die wissenschaftlich fundierte Methodik der Datenerhebung, -auswertung und -interpretation sind alle Vorgehensschritte nachvollziehbar und verständlich, wodurch eine hohe Akzeptanz der Ergebnisse und der darauf aufbauend entwickelten Aktivitätenpläne seitens der Mitarbeiter eines Unternehmens erreicht wird. Was auf den ersten Blick vielleicht kompliziert erscheinen mag, ist in der Praxis ein hervorragend bewährtes Instrument, um eine hohe Motivation für die Umsetzung der entwickelten Maßnahmen zu erreichen.

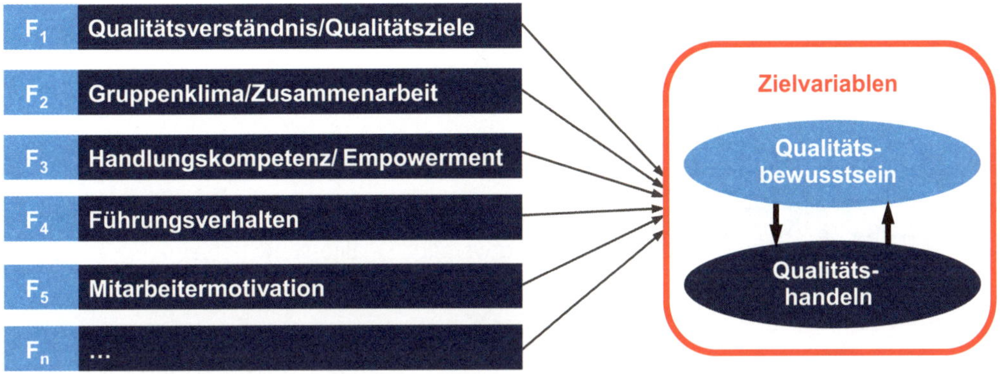

Bild 10.2 Unterschiedliche Faktoren wirken auf Qualitätsbewusstsein und Qualitätshandeln

10.2 Der entscheidende Erfolgsfaktor: Qualitätsbewusstsein

Qualitätsbewusstsein (Quality-Awareness) ist die Grundhaltung eines einzelnen Mitarbeiters gegenüber der Qualität der Produkte/Dienstleistungen, Prozesse usw. seines Unternehmens. Bewusstsein findet zunächst auf individueller Ebene statt. Es geht um verhaltenswirksame Werte, Einstellungen und Normen, die sich auf die Wahrnehmung und das Verhalten auswirken. Jeder Mitarbeiter sollte demnach ein hinreichendes Verständnis für Qualität in seinem Arbeitsumfeld erlangen und sich der Folgen seines Handels auf die Qualität des von ihm bearbeiteten Produkts bzw. der von ihm verantworteten Prozesse bewusst sein. Schlussendlich sollte er dazu bereit sein, in seinem Aufgabenbereich die persönliche Verantwortung für Qualität zu übernehmen. Als kollektives Qualitätsbewusstsein aller Mitarbeiter eines Unternehmens ist es damit ein integraler und in Bezug auf die Qualität hochwirksamer Bestandteil der jeweiligen Unternehmenskultur, der durchgängig das gesamte Unternehmen umfasst. Folglich kann auch explizit von einer »Qualitätskultur« gesprochen werden, die das Pendant zur »technischen« Qualitätssicherung und -verbesserung bildet.

Die entscheidende Einflussgröße auf das individuelle Qualitätshandeln ist das subjektive Qualitätsbewusstsein. Ohne ein ausgeprägtes Qualitätsbewusstsein sind kein wirksames Qualitätshandeln und damit keine exzellente Qualität möglich. Offen

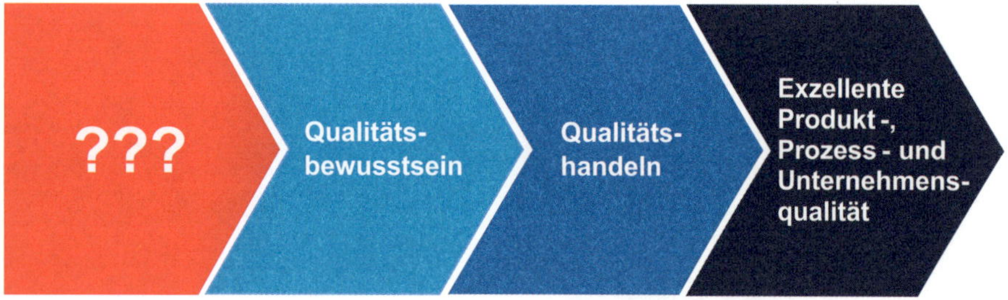

Bild 10.3 Welche Faktoren beeinflussen das notwendige Qualitätsbewusstsein?

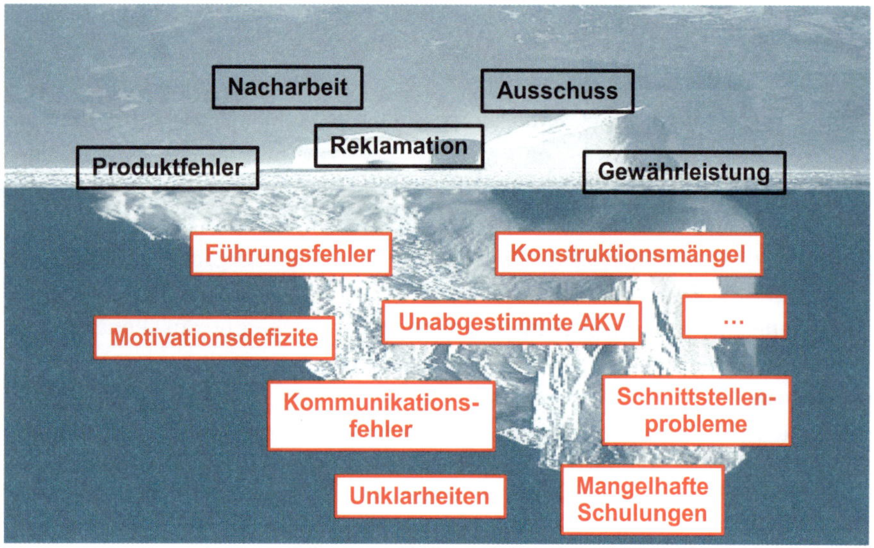

Bild 10.4 Fehlereisberg des Qualitätsmanagements

bleibt zunächst die Frage, welche Faktoren wiederum das Qualitätsbewusstsein als entscheidende Determinante exzellenter Qualität direkt beeinflussen (Bild 10.3).

Um diese Frage zu beantworten, ist ein Blick auf den sogenannten »Fehlereisberg des Qualitätsmanagements« hilfreich (Bild 10.4). Er veranschaulicht, dass die Fehlerursachen häufig nicht ohne Weiteres zu erkennen sind. Führungs- und Kommunikationsfehler, Schnittstellenprobleme, unabgestimmte Aufgaben, Kompetenzen und Verantwortlichkeiten (AKV) usw. entziehen sich regelmäßig einer unmittelbaren Betrachtung. Sie werden – wenn überhaupt – erst erkannt, wenn die Kundenreklamation auf dem Tisch liegt und der Gewährleistungsfall eingetreten ist. Wäre es aber nicht wesentlich besser, wenn die Gründe für das Auftreten von Mängeln frühzeitig bekannt wären und – noch besser – beseitigt werden könnten? Dadurch ließen sich »Titanic-Effekte« vermeiden, also das »gute Gefühl«, dass nichts passieren kann, weil das Unternehmensschiff als unsinkbar gilt – bis dann der alles zerstörende Eisberg kommt … Erinnert sei an dieser Stelle an die Beispiele mangelhafter Produkte am Anfang dieses Buchs.

11

Wie geht die Quality-Awareness-Methode vor?

Die Quality-Awareness-Methode besteht aus vier systematisch aufeinander aufbauenden Schritten (Bild 11.1):

1. Als Erstes erfolgt eine ganzheitliche Aufnahme und Bewertung der gegenwärtigen Qualitätssituation. Diese Ist-Analyse dient dazu, eine klare Orientierung zu gewinnen und Überlegungen für die Gestaltung der nächsten Schritte anzustellen.

2. Im zweiten Schritt wird die Datenerhebung sorgfältig vorbereitet und anschließend in Form einer mündlichen Befragung mittels teilstandardisierter Interviews durchgeführt.

Bild 11.1 Vier systematisch aufeinander aufbauende Schritte

3. Aus den Ergebnissen der Interviewreihe werden dann konkrete und auf die Belange des Unternehmens und seiner einzelnen Teilbereiche zugeschnittene Maßnahmen zur Qualitätsverbesserung entwickelt und umgesetzt.

4. Nach der Umsetzung werden die Ergebnisse der Maßnahmen fortlaufend evaluiert. Diese Erkenntnisse fließen in gezielte Aktivitäten zur nachhaltig wirksamen Weiterentwicklung des Qualitätsbewusstseins und damit der Qualitätssituation des Unternehmens ein.

Wann führt dieses Vorgehen NICHT zum Erfolg?

Dann, wenn sich die Verantwortlichen nicht darüber im Klaren und einig sind, was sie mit der Quality-Awareness-Methode bewirken wollen.

Das zentrale Element des Verfahrens ist eine umfassende Beteiligung einer repräsentativen Anzahl von Mitarbeitern aller Bereiche und Hierarchieebenen. Diese Beteiligung erfolgt im Wesentlichen über Einzelinterviews, die von erfahrenen Interviewern durchgeführt werden. An den Interviews nehmen zehn bis fünfzehn Prozent aller Mitarbeiter des Unternehmens, eines Werks, einer Landesgesellschaft oder einer anderen Organisationseinheit teil. Dieses partizipative Vorgehen bietet den Menschen in einem Unternehmen die Möglichkeit, Ursachen von Qualitätsmängeln aus ihrer jeweiligen Perspektive offen anzusprechen, sich aktiv an der Entwicklung von Ideen zur Qualitätsverbesserung zu beteiligen und konkrete Vorschläge für Veränderungen einzubringen.

Dadurch werden naturgemäß Erwartungen geweckt, die dann auch bedient werden müssen. Wer sich im Interview öffnet, Dinge sagt, die er sonst nicht sagt oder die sonst nicht gehört werden, erwartet zu Recht, dass mit seinen Aussagen nicht nur sorgfältig und vertraulich umgegangen wird, sondern dass diese auch von den Entscheidungsträgern positiv aufgenommen werden, Verbesserungen auslösen, Probleme beseitigen, letztendlich also Wirkung zeigen.

Von daher wird der Einsatz der QAM nur dann erfolgreich sein, wenn von Anfang an die Bereitschaft des Managements vorhanden ist, aus den gewonnenen Erkenntnissen auch tatsächlich etwas zu machen.

Beispiel 2: Teure Wiederholfehler!

Es sind immer wieder die gleichen Fehler, die auftreten. Pulverbeschichtete Aluminiumrahmen für Fenster werden auf dem Weg vom Zwischenlager in die Endmontage beschädigt, trotzdem montiert und meistens auch ausgeliefert. Dazu kommen häufige Erfassungs- und Bearbeitungsfehler. Die Kunden beschweren sich und fordern Ersatz oder einen kräftigen Preisnachlass. Der Vertrieb in den Regionen reagiert zunehmend genervt, weil die Lieferzeiten angesichts der gegenwärtigen Baukonjunktur ohnehin schon zu lang sind. Die Reklamationsquote liegt seit zwei Jahren bei über 160 000 PPM. Die kumulativen Gewährleistungs- und Kulanzkosten sind im letzten Jahr massiv gestiegen und verharren mit rund drei Prozent des Umsatzes auf einem gleichbleibend hohen Niveau. Das Problem wurde bereits zigfach an den Claim-Tables in der Montage angesprochen, aber es hat sich nichts geändert. Die Fehler mit ihren unangenehmen und kostenintensiven Folgen treten immer wieder auf.

Der Head of Quality des Herstellers von hochwertigen Türen, Fenstern und Wintergärten fragt sich, was die Gründe für die gleichbleibenden Qualitätsprobleme sind, die trotz aller Bemühungen um höchste Qualität immer wieder großen Ärger bereiten und deren Hintergründe nach wie vor im Dunkeln liegen: Weshalb gibt es diese Nachlässigkeiten beim Transport der Vorprodukte und in der Endmontage? Was können wir tun, um ein einheitliches Qualitätsverständnis der Mitarbeiter im Auftragsdurchlaufprozess zu erreichen? Wie lässt sich das Thema »Qualität« noch stärker in den Köpfen der Mitarbeiter verankern? Wie kann in jedem einzelnen Mitarbeiter das Bewusstsein geschaffen werden, dass sein ganz persönlicher Beitrag entscheidend für die Reduzierung der Fehlerquote ist?

Ideen, wie die Antworten auf diese Fragen aussehen könnten, gab es in der Vergangenheit bereits einige. Manche wurden auch mehr oder weniger konsequent umgesetzt, aber eine nachhaltige Wirkung blieb aus.

In einem Quality-Awareness-Workshop zur Standortbestimmung stellt sich unter anderem heraus, dass es in dem Unternehmen bisher kein durchgängiges Qualitätsverständnis gibt. Noch nicht einmal der Begriff »Qualität« ist unternehmenseinheitlich definiert, wie eine Kartenabfrage unter den anwesenden zwölf Bereichsleitern zeigt. Jeder versteht unter Qualität das, was er darunter verstehen will. Viele Führungskräfte geben keine ausreichend klare Orientierung, was sie in Sachen Qualität von ihren Mitarbeitern erwarten. Entlang der Prozesskette herrscht alles andere als eine interne Kundenorientierung nach dem Motto: »The next process is your customer«. Und an der externen Kundenorientierung fehlt es ja offenkundig auch, wie das Beispiel der pulverbeschichteten Alurahmen zeigt. Damit steht fest: Wenn der solide Sockel eines Qualitätsgebäudes fehlt, wie soll dann das »Bauwerk Unternehmensqualität« stabil stehen. Offenbar gibt es hier noch viel zu tun, um das Qualitätsbewusstsein und die Qualität in Richtung Exzellenz zu bringen.

11.1 Schritt 1: Systematische Analyse und Bewertung der Qualitätssituation

Die in dem Beispiel 2 geschilderte Situation ist typisch für Unternehmen, die mithilfe der bekannten Methoden des Qualitätsmanagements nicht mehr weiterkommen. Häufig sind es sogar eine Reihe von ähnlichen Ereignissen, die zu der Frage führen, welche anderen Möglichkeiten es gibt, um die wiederkehrenden Qualitätsprobleme wirksam und dauerhaft zu lösen.

Deshalb ist als Erstes der gegenwärtige »Standort der Qualität« zu bestimmen, von dem aus der weitere Weg zur Qualitätsexzellenz beschritten werden soll. Und viele Unternehmen sind hier ja bereits sehr gut unterwegs!

! *Nur wer die eigene Position kennt, kann auch den richtigen Weg finden.*

Diese Standortbestimmung erfolgt in der Regel im Rahmen eines eintägigen, gut vorbereiteten Quality-Awareness-Workshops, in dem es darum geht, gemeinsam mit den obersten Qualitätsverantwortlichen und einigen ausgewählten Führungskräften (beispielsweise aus der Entwicklung, der Produktion, dem Einkauf, dem Vertrieb und dem Personalwesen) den Stand der Produkt- und Prozessqualität, der Qualitätskultur und insbesondere des Qualitätsbewusstseins im Unternehmen zu analysieren. Dabei interessieren unter anderem das gelebte Wertesystem, die Erfahrungen mit vergangenen Qualitätsverbesserungsprogrammen, das qualitätsbezogene Führungsverhalten, die QM-Regeln und deren Wirksamkeit, der Umgang mit Qualitätszielen im QKL-Dreieck (QKL: Qualität, Lieferfähigkeit, Kosten), die Effizienz der Prozesse und die Rollenwahrnehmung der Prozessbeteiligten insbesondere an den Prozessschnittstellen.

Der an diesem Workshop beteiligte Personenkreis bildet dann später zumeist auch das Quality-Awareness-Projektteam (QA-Projektteam), wenn es darum geht, die Interviewreihe vorzubereiten und zu begleiten, die Befragungsergebnisse zu interpretieren und geeignete Maßnahmen zur Weiterentwicklung des Qualitätsbewusstseins und des Qualitätshandelns zu initiieren und deren Zielerreichung zu überwachen.

In dem Workshop wird auch ein intensiver Blick auf bereits durchgeführte Maßnahmen zur Qualitätsverbesserung und deren Wirksamkeit gerichtet, um einen Eindruck von den bisherigen Anstrengungen und deren Erfolgen zu gewinnen, Lessons-learned festzuhalten und schon jetzt über potenzielle Erfolgs- und Misserfolgsfaktoren zukünftiger Qualitätsverbesserungsprogramme nachzudenken. Dabei zeigt sich häufig, dass die Verhaltensseite entweder gar nicht oder bei weitem nicht ausreichend einbezogen wurde. Schulungen in Qualitätsmethoden sind hier keine wirkliche Alternative, denn sie vermitteln zwar das erforderliche Handwerkszeug, ändern jedoch nicht zwingend etwas an der mentalen Verfassung der Schulungsteilnehmer.

Die Ergebnisse dieses Workshopteils bilden die Grundlage, um Ideen für möglichst konkrete weitere Schritte zu entwickeln, die dann in eine Roadmap zur Qualitätsexzellenz einfließen.

Schulungen in Qualitätsmethoden konzentrieren sich auf die Vermittlung des notwendigen Methodenwissens. Mentale Aspekte werden jedoch meistens nicht berücksichtigt.

Erfolgsrelevante Analyse- und Handlungsfelder der Qualitätsexzellenz sind die Qualitätsstrategie, die Qualitätsorganisation, die Qualitätskultur und die Qualitätsmethoden. Bei der eingehenden Erörterung dieser Bereiche im Workshop und danach wird besonderer Wert auf deren Wechselwirkungen gelegt.

Die systematische Analyse der vier Felder der Qualitätsexzellenz (Bild 11.2) erfordert eine intensive Auseinandersetzung mit Fragen, die zumindest teilweise nicht ohne Weiteres beantwortet werden können. Deshalb ist es sinnvoll, rechtzeitig vor dem Workshop über diese Fragen nachzudenken, von deren Beantwortung man konkrete Hinweise erwartet, warum die aktuelle Qualitätssituation so ist, wie sie ist. Das klingt trivial, nur im Arbeitsalltag gilt zumeist die Regel, dass Dringliches Wichtiges verdrängt und damit keine Zeit zum Nachdenken bleibt. Gerade wenn es um Fragen der Qualität geht, entsteht so eine Situation, in der Qualitätsmanagement in erster Linie nichts anderes als Troubleshooting ist. Die schnelle Problemlösung steht im Vordergrund, Zeit für eine gründliche Analyse und Bewertung bleibt kaum. Und schon entsteht das nächste Qualitätsproblem ...

Intensives Nachdenken ist aber eine entscheidende Voraussetzung für gute – und das heißt hier: nachhaltig qualitätswirksame – Gedanken. Das erfordert, dass man sich bewusst Zeit nimmt, einen gewissen Abstand gewinnt und durchaus selbstkritisch überprüft, welche Ansätze bislang welche Erfolge oder auch Misserfolge gebracht haben. Dafür benötigt man auch im Qualitätsmanagement ausreichend Zeit und Freiraum; eine Investition, die sich langfristig mehr als auszahlt. Daran sollten Sie denken, wenn Sie selbst Qualitätsverantwortlicher sind. Und das sind doch letztendlich alle Mitglieder eines Unterneh-

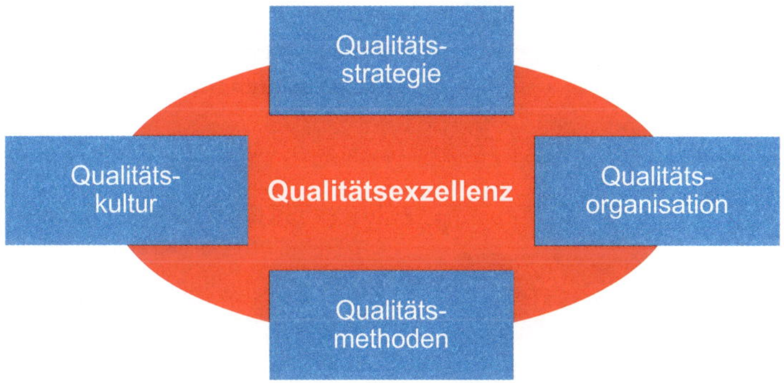

Bild 11.2 Qualitätsexzellenz erfordert die simultane Beherrschung von vier Handlungsfeldern

mens – von der obersten Führungsebene bis zum Mitarbeiter an der Maschine.

Die gründliche Vorbereitung des Quality-Awareness-Workshops ist deshalb ein wesentliches Element des gedanklichen Prozesses, bei dem es um die Entwicklung von geeigneten Maßnahmen zur Verbesserung der Kundenzufriedenheit geht. Beispielhaft finden sich auf den nächsten Seiten einige konkrete handlungsfeldbezogene Fragestellungen zur Vorbereitung auf einen solchen Quality-Awareness-Workshop. Diese Fragen sind dann im Detail auf die Belange des jeweiligen Unternehmens abzustimmen und sollen sicherstellen, dass die Antworten ein möglichst umfassendes Bild der gegenwärtigen Qualitätssituation und ihrer Hintergründe liefern.

- Gibt es eine vom Top-Management verabschiedete Qualitätsstrategie?
- Ist die Qualitätsstrategie ein integraler Bestandteil der Unternehmensstrategie?
- Ist die Qualitätsstrategie mit smarten Zielen hinterlegt?
- Sind konkrete strategische Maßnahmen einschließlich entsprechender Verantwortlichkeiten und Kompetenzen definiert?
- Wird die Umsetzung der strategischen Maßnahmen konsequent nachgehalten und gibt es ein Strategie-Dashboard?

Bild 11.3 Handlungsfeld 1: Qualitätsstrategie

- Entspricht die Qualitätsorganisation (Aufbau- und Ablauforganisation) den strategischen Erfordernissen?
- Erfüllt die Qualitätsorganisation die internen und externen Effektivitäts- und Effizienzanforderungen?
- Wo steht das Prozessmanagement aktuell, wie ist die Prozessqualität und welchen Beitrag leisten die Prozesse zur Verbesserung der Unternehmensqualität?
- Wie gut werden die Prozessschnittstellen beherrscht?

Bild 11.4 Handlungsfeld 2: Qualitätsorganisation

- Entsprechen die eingesetzten Qualitätsmethoden den strategischen und den operativen Erfordernissen?
- Wie wirksam sind die eingesetzten Qualitätsmethoden bisher?
- Sind die Methoden anwenderspezifisch ausgerichtet, verständlich und nachvollziehbar?
- Gibt es eine zielgruppengerechte Vermittlung der Qualitätsmethoden (Trainings, On-the-job-Aktivitäten)?
- Werden die Methoden regelmäßig auf ihre Wirksamkeit überprüft und gegebenenfalls angepasst?

Bild 11.5 Handlungsfeld 3: Qualitätsmethoden

- Welche Kulturelemente (Vision, Leitbild/er, Normen, Symbole, Helden, Rituale, ...) sind in der (Qualitäts-)Kultur verankert und wie wirksam sind diese Kulturelemente?
- Welche Maßnahmen zur systematischen Kulturveränderung gibt es bisher und welche Wirkung haben diese Maßnahmen gezeigt?
- Gibt es einen systematisch geplanten und gesteuerten Prozess zur Weiterentwicklung der Qualitätskultur?
- Wird die intendierte Qualitätskultur konsequent von allen Führungskräften top-down vorgelebt? Wie ist deren Haltung?
- Haben die Führungskräfte die Fähigkeiten und den Willen, um als Treiber einer „Schwungradkultur“ im Unternehmen wirken zu können?

Bild 11.6 Handlungsfeld 4: Qualitätskultur

Leitfrage für den QA-Workshop

WIE STEHT ES UM DIE VIER FELDER DER QUALITÄTS-EXZELLENZ IN MEINEM UNTER-NEHMEN?

Unsere Aktivitäten hinsichtlich Qualitätsstrategie, -organisation, -methoden und -kultur:

Bei der Analyse der Ist-Situation kann es hilfreich sein, sich einmal die Erfahrungen anderer Unternehmen näher anzusehen:

- Wie stellte sich dort die Ausgangssituation dar? – Häufig nicht anders als im eigenen Unternehmen mit den im Wesentlichen immer gleichen Fehlern, konstant (zu) hohen Qualitätskosten und einer abnehmenden Kundenzufriedenheit.
- Was wurde unternommen? – Vielfältige Anstrengungen zur Qualitätsverbesserung und zur Kostensenkung mit Hilfe gängiger Qualitätsmethoden mit nur geringer Wirksamkeit.
- Wer hatte die Aufgabe, sich um die Verbesserungsmaßnahmen zu kümmern? – Der Qualitätsbereich allein, ohne eine für alle deutlich sichtbare Unterstützung des Top-Managements.
- Wie wird das Thema »Qualität« priorisiert? – Regelmäßig nach Lieferfähigkeit und meistens vor Kosten und damit bei weitem nicht so, wie es das nach innen und außen kommunizierte Qualitätsverständnis des Unternehmens eigentlich erwarten lassen sollte.
- Welche Rolle spielte bisher das Qualitätsbewusstsein bei den Anstrengungen zur Qualitätsverbesserung? – Keine oder nur eine sehr geringe. Tatsächlich hat man sich mit diesem Thema bisher nie wirklich beschäftigt.
- Welches Vorgehen wurde gewählt, um die Qualitätsprobleme zu beseitigen? – Ad-hoc-Maßnahmen, ohne dass diese systematisch in ein Qualitätsverbesserungsprogramm mit einer begleitenden Kommunikationskampagne und einem zielgerichteten Stakeholdermanagement integriert worden wären.

Im nächsten Workshopteil wird dann ein Vorschlag für ein Quality-Awareness-Programm erarbeitet, das häufig den Charakter eines Quality-Culture-Programms hat, denn gemäß unserer Definition ist das Qualitätsbewusstsein ja ein wesentlicher Bestandteil und positiver Treiber der Unternehmenskultur. In diesem Programmvorschlag wird das geplante weitere Vorgehen zunächst einmal in groben Zügen dargestellt, um eine Vorstellung zu erhalten, welche Aktivitäten wann anstehen, welche Ziele damit verfolgt werden und was am Ende mit dem Gesamtprogramm hinsichtlich der Zielgrößen Qualität, Qualitätskosten und Kundenzufriedenheit erreicht werden soll. Bild 11.7 zeigt das Beispiel einer Agenda für einen solchen Programm-Workshop.

Agenda

08:30 Uhr	Beginn des Workshops, Begrüßung, Festlegung der Ziele des heutigen Workshops
08:45 Uhr	Vorstellung und Diskussion der bisher durchgeführten und der aktuellen Q-Maßnahmen und von deren Ergebnissen mit Blick auf die vier Analysefelder (gemäß To-do-Liste zur Vorbereitung)
11:00 Uhr	Erarbeitung eines konkreten Vorschlags für ein Quality-Awareness-Programm: ▪ Wesentliche Erkenntnisse aus Quality-Awareness-/Quality-Culture-Programmen anderer Unternehmen ▪ Stand des Qualitätsverständnisses und des Qualitätsbewusstseins im Unternehmen ▪ Festlegung von konkreten Maßnahmen zur Verbesserung des Qualitätsbewusstseins und zur Weiterentwicklung der Qualitätskultur in Richtung Qualitätsexzellenz ▪ Ziele, Voraussetzungen und Nutzen einer Befragung nach der Quality-Awareness-Methode
12:30 Uhr	Mittagessen
13:30 Uhr	Fortsetzung des Workshops, Finalisierung des Quality-Awareness-/Quality-Culture-Programmvorschlags
15:00 Uhr	Diskussion des Programmvorschlags mit dem Vorstand
16.30 Uhr	Zusammenfassung der Ergebnisse und Entscheidung über das weitere Vorgehen
17:00 Uhr	Ende des Workshops

Bild 11.7 Agenda eines Quality-Awareness-Workshops (Beispiel)

Beispiel 3:
Richtig gedacht – aber falsch gemacht?

Es ist Nachtschicht bei einem Schokoladenhersteller. Auf der Fertigungsanlage wird eine Charge Zweischicht-Schokolade hergestellt. Dieser Vorgang heißt »Eintafelung«. Die flüssige Schokoladenmasse wird in vorgewärmte Formen gegossen. Diese werden dann gewendet. Dadurch bleibt nur ein Teil der Schokolade an den Wänden der Formen zurück. Nach dem Abkühlen werden die Formen dann mit der Marzipanmasse gefüllt, gekühlt und mit einer Schokoladenschicht abgedeckelt. Und genau an dieser Stelle liegt das Problem: Der obere Deckel schließt nicht bei allen Tafeln gleichmäßig. Dadurch ist bei jeder zweiten Tafel noch weiße Marzipanmasse sichtbar. Der Maschinenführer drückt den roten Knopf, stoppt die Anlage und informiert seinen Schichtführer. Beide beraten, was zu tun ist. Das Erscheinungsbild der Schokoladentafeln entspricht nicht dem Qualitätsstandard des Unternehmens. Trotzdem entscheidet der Schichtführer, die Produktion fortzuführen, um keinen Produktionsausfall zu haben. Dann soll die Schokolade eben als »Bruch« in den Werksverkauf gehen. Dem Maschinenführer leuchtet das ein.

So weit – so gut, könnte man jedenfalls denken, wenn man diese Geschichte liest. War es aber nicht. Denn am anderen Morgen berichtete der Schichtführer seinem Werkleiter über den Vorfall in der Nachtschicht. Der Werkleiter lobte das Verhalten seiner Mitarbeiter: »Qualität steht bei uns an erster Stelle, alles richtig gemacht«. Kurze Zeit später erfuhr der Vertriebschef von dem Vorfall. Der hatte damit ein Problem. Ein großer Discounter wartete auf die Charge im Wert von rund 100 000 Euro, mit der verschiedene Filialen in Süddeutschland im Rahmen einer Sonderaktion beliefert werden sollten. Der Vorgang landete auf dem Tisch des Geschäftsführers. Dieser entschied in dem vorliegenden Fall klar und eindeutig: Lieferfähigkeit vor Qualität, zumal er die Auswirkungen des Qualitätsmangels als gering einschätzte. Die Charge wurde ausgeliefert. Angesichts der Situation und in Kenntnis der Umstände eine nachvollziehbare Entscheidung; jedenfalls dann, wenn Qualität nicht immer oberste Priorität haben muss und der Mangel wie in diesem Fall ausschließlich optischer Natur ist.

Ein paar Tage später erfuhr der Maschinenführer zufällig von der Auslieferung der mangelhaften Charge Zweischicht-Schokolade aus seiner Nachtschicht. Niemand hatte ihn darüber informiert. Der Schichtführer konnte ihm nicht erklären, warum die Tafeln trotz ihrer optischen Mängel an den Kunden gingen. Was blieb beim Maschinenführer hängen: Auch wenn ich im Sinne unseres Qualitätsverständnisses richtig handele, entscheiden meine Vorgesetzten anders. Warum soll ich das nächste Mal die Anlage stoppen? Es bringt ja sowieso nichts!

11.2 Schritt 2: Planung und Durchführung der QA-Befragung

Das Beispiel des irritierten Maschinenführers der Schokoladenfabrik zeigt, was fehlende Information und Kommunikation bewirken können: Unverständnis, Verunsicherung, Verärgerung und möglicherweise sogar eine Laissez-faire-Einstellung gegenüber dem hochgradig erfolgswirksamen Thema Qualität. Genau das will aber sicherlich niemand!

Dabei hätte die Situation ganz anders aussehen können: Der Werkleiter informiert seinen Schichtführer und am besten auch gleich den qualitätsbewussten Maschinenführer über die Entscheidung der Geschäftsführung und erklärt ihnen, warum man sich in diesem einen Fall für die Auslieferung der Charge Zweischicht-Schokolade trotz des festgestellten Qualitätsmangels entschieden hat. Vielleicht hätte sich der Maschinenführer gewundert, aber er hätte verstanden, dass dies eine Sondersituation gewesen ist, die nichts am Qualitätsanspruch des Unternehmens ändert. Und er hätte sein hohes Qualitätsbewusstsein

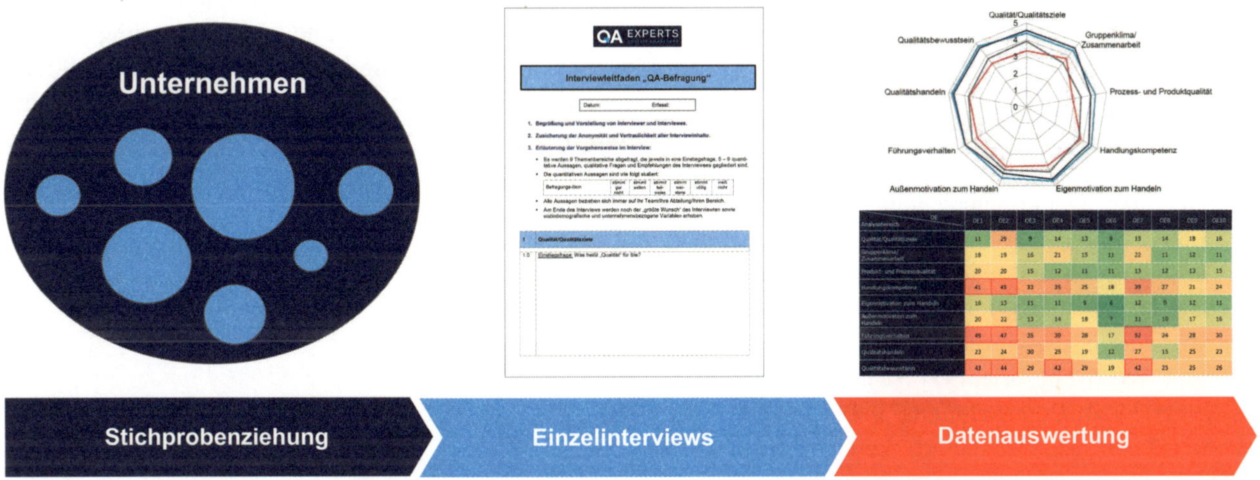

Bild 11.8 QA-Befragung: ein Prozess in drei Schritten

behalten, ja es wäre vielleicht sogar noch gestärkt worden. Irritationen oder unangenehme Gefühle wären bei ihm jedenfalls nicht zurückgeblieben.

Die Quality-Awareness-Methode fördert solche Erlebnisse von Mitarbeitern zu Tage. In der Summe sind das Erfahrungen, die schnell die Runde machen, damit im »organisationalen Gedächtnis« eines Unternehmens gespeichert werden und für viele Mitarbeiter später verhaltenswirksam sind. Ihre Kenntnis ermöglicht es, die Gründe für Qualitätsmängel besser zu verstehen, Maßnahmen zur Verbesserung des Qualitätsbewusstseins präzise zu planen und zielgruppenspezifisch umzusetzen. Das führt zu einer hohen Akzeptanz und damit zu einer hervorragenden Wirksamkeit der Maßnahmen.

Aufbauend auf den umfassenden Erfahrungen aus anderen Quality-Awareness-Projekten wird der standardisierte Interviewleitfaden deshalb in einem zweiten Schritt gemeinsam mit den Qualitätsexperten des zu analysierenden Unternehmens an dessen individuelle Gegebenheiten angepasst. Dabei werden bisherige qualitätsrelevante Erfahrungen, soweit sie bekannt sind, berücksichtigt und in die einzelnen Analysebereiche integriert. Auch die Wortwahl orientiert sich an den Besonderheiten des betreffenden Unternehmens. Dabei steht die Verständlichkeit der Fragen im Mittelpunkt, die eine wesentliche Voraussetzung für die Qualität der Antworten ist.

Analysebereiche definieren

Welche Analysebereiche kommen für eine Quality-Awareness-Befragung in Betracht? Typische Analysebereiche und beispielhafte offene Fragen, die in freier Rede zu beantworten sind, beziehungsweise skalierte Aussagen, die vom Interviewten auf einer ungeradzahligen Skala von 1 = »stimmt gar nicht« bis 5 = »stimmt völlig« bewertet werden müssen, finden Sie auf der nächsten Seite. Die Aufnahme weiterer, unternehmensspezifischer Faktorengruppen und deren Integration in die Quality-Awareness-Befragung sind dabei jederzeit möglich.

Parallel zur Vorbereitung der mündlichen Befragung initiiert das QA-Projektteam begleitende Kommunikationsmaßnahmen, wie beispielsweise eine Informationskampagne über die Bedeutung des Qualitätsbewusstseins und die Hintergründe und Ziele der bevorstehenden Quality-Awareness-Befragung.

Die Analysebereiche der Quality-Awareness-Befragung

Qualität und Qualitätsziele

Frage: Was heißt »Qualität« für Sie?

Skalierte Aussage: Qualität hat immer Vorrang vor Lieferfähigkeit und Kosten.

Gruppenklima und Zusammenarbeit

Frage: Wie erleben Sie die Zusammenarbeit in Ihrer Organisationseinheit?

Skalierte Aussage: Wir lernen in unserer Organisationseinheit immer gemeinsam aus Fehlern.

Produkt- und Prozessqualität

Frage: Welchen Beitrag leistet Ihr Prozessmanagement zu einer hohen Qualität?

Skalierte Aussage: Bei uns funktioniert die bereichsübergreifende Zusammenarbeit immer reibungslos.

Handlungskompetenz

Frage: Besitzen Sie die notwendigen Kompetenzen, um Ihre Tätigkeit qualitativ hochwertig ausführen zu können?

Skalierte Aussage: Meine Ideen zur Qualitätsverbesserung werden immer positiv aufgenommen.

Intrinsische Motivation

Frage: Macht Ihnen Ihre Arbeit Freude?

Skalierte Aussage: Qualität ist für mich wichtiger als Schnelligkeit der Arbeitsausführung.

Extrinsische Motivation

Frage: Wie zufrieden sind Sie mit den Anreizsystemen in Bezug auf die Verbesserung der Produkt- und Prozessqualität?

Skalierte Aussage: Meine Führungskraft gibt mir stets Anerkennung für sinnvolle Vorschläge zur Qualitätsverbesserung.

Führungsverhalten

Frage: Wie erleben Sie Ihre direkte Führungskraft in Bezug auf Qualitätsthemen?

Skalierte Aussage: Meine Führungskraft gibt mir regelmäßig Rückmeldung über die Qualität meiner Arbeitsergebnisse.

Qualitätshandeln

Frage: Wie können Sie in Ihrem Verantwortungsbereich die Verbesserung der Produkt- und Prozessqualität aktiv gestalten?

Skalierte Aussage: Maßnahmen zur Qualitätsverbesserung werden immer auf ihre Wirksamkeit überprüft.

Qualitätsbewusstsein

Frage: Wie intensiv setzen Sie sich in Ihrer täglichen Arbeit mit dem Thema »Qualität« auseinander?

Skalierte Aussage: Mir sind die Auswirkungen meines Handelns in Bezug auf Qualität stets bewusst.

Vorab testen

Wenn der Interviewleitfaden in einer ersten Version fertiggestellt und vom QA-Projektteam verabschiedet ist, findet ein Pretest mit zehn bis fünfzehn ausgewählten Interviewees aus unterschiedlichen Unternehmensbereichen und Hierarchieebenen statt (Bild 11.9). Zu dem interviewten Personenkreis gehört dabei regelmäßig auch das Top-Management. Dessen Einbindung ist nicht nur aufgrund der zu erwartenden Rückmeldungen aus der übergeordneten Gesamtperspektive besonders wertvoll, sondern stellt auch sicher, dass die obersten Führungskräfte später inhaltlich und methodisch hinter dem Erhebungskonzept stehen und ein dementsprechendes Top-Management-Commitment zu der gesamten Quality-Awareness-Befragung zeigen.

Die erste Interviewrunde dient damit zum einen zur Prüfung der Fragen und skalierten Aussagen auf Verständlichkeit und Vollständigkeit, und zum anderen können die Interviewer erste Eindrücke sammeln, mit welchen Reaktionen in dem betreffenden Unternehmen zu rechnen ist. Die Rückmeldungen aus den Pretest-Interviews fließen dann unmittelbar danach in die Optimierung des Interviewleitfadens und gegebenenfalls in die Anpassung des Auswertungsdesigns ein. Nach dem erfolgreichen Pretest des Interviewleitfadens und der Klärung seiner DSGVO-Konformität wird dieser vom Projektauftraggeber offiziell freigegeben.

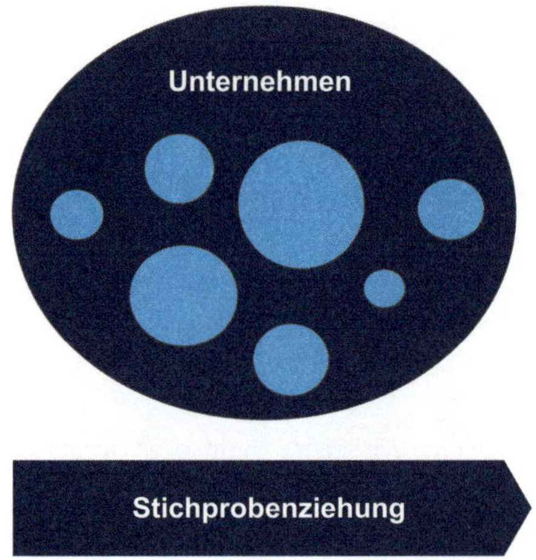

Bild 11.9 Unterschiedliche Bereiche und unterschiedliche Hierarchieebenen einbeziehen

Falls es erforderlich sein sollte, kann ausnahmsweise auch ein zweiter Pretest stattfinden, um in jedem Fall sicherzustellen, dass der Interviewleitfaden wirklich ganz genau den Erfordernissen des betreffenden Unternehmens entspricht und dass auch tatsächlich die richtigen Fragen gestellt und die richtigen Aussagen bewertet werden. Schließlich sind die Antworten auf diese Fragen und die Bewertung der Aussagen die Grundlage für die sich anschließende umfassende Datenerhebung in der Hauptstudie – und Antworten können nun einmal nur so gut sein, wie die ihnen zugrunde liegenden Fragen.

Als sehr sinnvoll hat es sich in allen bisherigen Quality-Awareness-Projekten erwiesen, bereits in dieser Phase die Arbeitnehmervertretung einzubinden. Hier haben wir häufig sehr wertvolle Hinweise inhaltlicher Art bekommen, die in der Haupterhebung dazu beigetragen haben, dass die Fragen auf eine hohe Akzeptanz gestoßen und umfassend beantwortet worden sind. Nicht zuletzt werden durch ein derartiges beteiligungsorientiertes Vorgehen auch (potenzielle) Widerstände reduziert und es wird ein weiterer Grundstein für die erfolgreiche Umsetzung der späteren qualitätsverbessernden Maßnahmen gelegt.

Auswahl der Stichprobe für die Befragung

Der Teilnehmerkreis der Befragung und dessen Zustandekommen sind von einer grundlegenden Bedeutung für die Qualität der Interviewergebnisse und deren Akzeptanz im Unternehmen. Schließlich interessiert später nicht nur, welche Ergebnisse herausgekommen sind, sondern auch wie diese Ergebnisse zustande kamen. Das heißt nicht, dass nähere Informationen über den interviewten Personenkreis mitgeteilt werden, die unter Umständen die Anonymität einzelner Aussagen von Interviewten aufheben würden. Das heißt aber, dass von Anfang dafür zu sorgen ist, dass der ausgewählte Teilnehmerkreis repräsentativ für die Grundgesamtheit ist (Bild 11.10); denn nur so können die Ergebnisse einer relativ kleinen Stichprobe auf eine wesentlich größere Grundgesamtheit übertragen werden (Werk, Standort, Tochtergesellschaft oder gesamtes Unternehmen im In- und Ausland).

Die Empfehlung lautet deshalb, eine Zufallsstichprobe mit Hilfe eines elektronischen Losverfahrens zu ziehen, um Stichprobenfehler soweit wie möglich zu vermeiden. Dabei ist eine Quotierung grundsätzlich denkbar, wenn beispielsweise der Anteil der befragten Führungskräfte in der Stichprobe dem Führungskräfteanteil in der Grundgesamtheit entsprechen soll. In die Ziehung werden die Mitarbeiter aller zu untersuchenden Bereiche und Hierarchieebenen einbezogen (zum Beispiel über die Personalnummern). Die gezogenen Personen erhalten dann eine schriftliche Einladung für das Interview. Dabei ist auch darauf zu achten, dass die Teilstichproben aus einzelnen Organisationseinheiten (z. B. dem Servicebereich, dem Vertrieb usw.) nicht so klein sind, dass Rückschlüsse auf einzelne Mitarbeiter aus diesen Einheiten möglich werden.

Tatsächlich wählen Unternehmen teilweise auch den Weg, 50 Prozent der Teilnehmer in der Hauptstudie durch das Zufallsverfahren zu bestimmen und jeweils 25 Prozent durch das Top-Management und den Betriebsrat zu benennen (Bild 11.10). Dies ist ebenfalls ein gangbarer Weg, der zu aussagekräftigen Ergebnissen führt. Hier lautet die Empfehlung, die Stichprobenziehung im Vorfeld mit der Arbeitgeber- und der Arbeitnehmerseite im Sinne eines Co-Managements einvernehmlich abzustimmen.

Wer hat an der Befragung teilgenommen?

- 15 Teilnehmer im Pretest (keine Zufallsauswahl)
- 187 ausgewählte Teilnehmer in der Hauptstudie
  (50 % zufällig per elektronischem Losverfahren ausgewählt,
  jeweils 25 % durch Vorstand und Betriebsrat benannt)
- Insgesamt 202 Teilnehmer (entsprechend 13 % der Grundgesamtheit)

Alter	**< 30** 15 %	**31 – 40** 27 %	**41 – 50** 30 %	**> 50** 28 %	
Position	**Führungskräfte** 35 %	**Mitarbeiter** 65 %			
Betriebs-zugehörigkeit	**0 – 5** 12 %	**6 – 10** 17 %	**11 – 20** 33 %	**21 – 30** 26 %	**> 31** 12 %
Standort	**A-Stadt** 72 %	**B-Stadt** 16 %	**C-Stadt** 12 %		

Bild 11.10 Beispiel einer Stichproben-generierung

Welcher Weg im konkreten Fall gewählt wird, hängt von dem jeweiligen Unternehmen und dessen Kultur ab. Wichtig ist es deshalb, auch bei einer vermeintlichen »Kleinigkeit« wie der Stichprobengenerierung auf die Feinheiten des organisationalen Mindsets zu achten, um spätere Akzeptanzprobleme bei den Ergebnissen und insbesondere bei den daraus abgeleiteten Handlungsempfehlungen von vornherein zu vermeiden.

Haupterhebung durchführen

Wenn die Stichprobe feststeht, kann die Haupterhebung beginnen, in der die ausgewählten Mitarbeiter in einstündigen Einzelinterviews befragt werden, um so ein repräsentatives Bild der Grundgesamtheit zu erhalten. Hier hat die Erfahrung gezeigt, dass Einzelinterviews (Bild 11.11) im Gegensatz zu standardisierten Fragebögen oder Gruppeninterviews die beste Möglichkeit bieten, eine neutrale und umfassende Mitarbeiter-

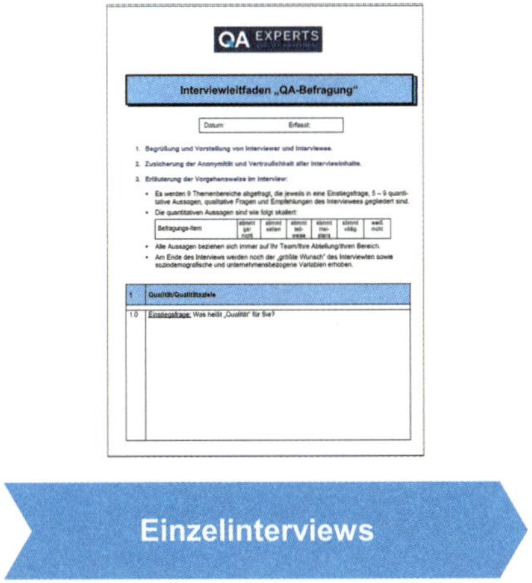

Bild 11.11 Einzelinterviews liefern eine neutrale und umfassende Mitarbeiterperspektive

perspektive zu erhalten. Sie vermeiden die Einseitigkeit von Antworten ohne Rückfragemöglichkeiten ebenso wie die Beantwortung von Fragen nach sozialer Erwünschtheit, wie dies im Gruppeninterview häufig der Fall ist.

In den Experteninterviews, die von erfahrenen unternehmensexternen Interviewern durchgeführt werden, wechseln sich offene Fragen und geschlossene, skalierte Aussagen ab (Bild 11.12), die von den Befragten zu beantworten sind. Am Ende eines jeden Analysebereichs werden die Interviewten nach ihren Handlungsempfehlungen gefragt: »Was würden Sie anders beziehungsweise besser machen?«

Sämtliche Aussagen werden vom Interviewer während des Interviews schriftlich dokumentiert und anschließend sofort anonymisiert. Dabei gilt absolute Vertraulichkeit. Zu keiner Zeit dürfen Aussagen einzelnen Interviews zugeordnet werden können. Dies ist eine entscheidende Voraussetzung, nicht nur für die Zustimmung des Betriebsrats zu einer derartigen Befragung, sondern vor allem für die Bereitschaft der zu den Interviews eingeladenen Mitarbeiter, die ihnen gestellten Fragen offen und umfänglich zu beantworten und die vom Interviewer vorgelesenen skalierten Aussagen zu bewerten. Das setzt ein entsprechendes Vertrauen voraus.

Darüber hinaus kann der Interviewer bei einzelnen Antworten auf die offenen Fragen und der Bewertung von einzelnen skalierten Aussagen erforderlichenfalls gezielt nachfragen. Wird beispielsweise die skalierte Aussage »Qualitätsmängel haben immer sofort Maßnahmen zur Folge« mit »stimmt teilweise« (3) beantwortet, kann direkt im laufenden Interview geklärt werden, woran es liegt, dass dies nicht immer der Fall ist. Häufig kommen dann für die spätere Dateninterpretation wichtige Aussagen wie »Viele Qualitätsmängel werden gar nicht oder zu spät festgestellt« oder »Manchmal wird es von den Vorgesetzten dann doch nicht so genau genommen«.

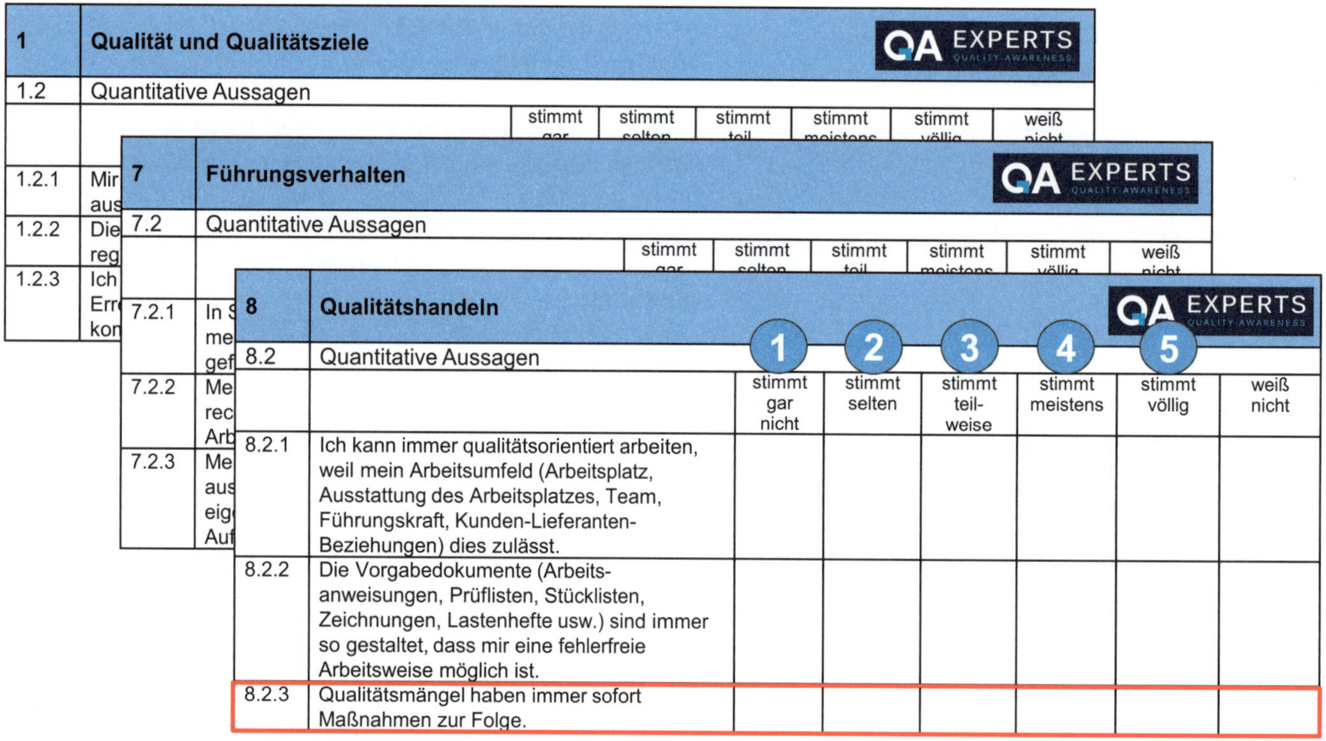

1 Qualität und Qualitätsziele

1.2 Quantitative Aussagen

7 Führungsverhalten

7.2 Quantitative Aussagen

8	Qualitätshandeln						
8.2	Quantitative Aussagen	1	2	3	4	5	
		stimmt gar nicht	stimmt selten	stimmt teil-weise	stimmt meistens	stimmt völlig	weiß nicht
8.2.1	Ich kann immer qualitätsorientiert arbeiten, weil mein Arbeitsumfeld (Arbeitsplatz, Ausstattung des Arbeitsplatzes, Team, Führungskraft, Kunden-Lieferanten-Beziehungen) dies zulässt.						
8.2.2	Die Vorgabedokumente (Arbeits-anweisungen, Prüflisten, Stücklisten, Zeichnungen, Lastenhefte usw.) sind immer so gestaltet, dass mir eine fehlerfreie Arbeitsweise möglich ist.						
8.2.3	Qualitätsmängel haben immer sofort Maßnahmen zur Folge.						

Bild 11.12 Einstündige standardisierte Einzelinterviews zur Datenerhebung

Auch diese Äußerungen der Befragten werden sorgfältig dokumentiert und sind später eine wertvolle Informationsgrundlage, wenn es – wie in diesem Beispiel – um das qualitätsbezogene Verhalten von Führungskräften und dessen konkrete Hintergründe oder um die Qualitätskultur insgesamt und deren Veränderungsnotwendigkeiten geht. Aus den meist präzisen Rückmeldungen der Interviewten lassen sich dann im konkreten Fall ziemlich genaue Rückschlüsse auf die Ursachen der gegenwärtigen Qualitätssituation ziehen.

Beispiel 4: Die Sache mit dem Jagdzimmer …

Es ist jedes Jahr dasselbe: Im zweiten Halbjahr läuft die Produktion von Technikbaukästen für Kinder auf Hochtouren. Die einzelnen Bauelemente werden in Folie eingeschweißt und in bunt bedruckte, hochwertige Kartons verpackt. An dem Fertigungsstandort fehlt es an Lagerfläche für die versandfertigen Baukästen. Deshalb wird ein großer Teil der Ware ab dem Spätsommer regelmäßig in einem Außenlager abgelegt, in dem eine hohe Luftfeuchtigkeit herrscht. Ein Teil der Kartonagen wird dadurch ebenso regelmäßig wellig und muss vor dem Versand ausgetauscht werden, um den hohen Qualitätsansprüchen des Unternehmens zu genügen.

Die Mitarbeiter sind mit dieser Situation seit langem unzufrieden, denn über der Fertigungshalle befindet sich ein sehr großer Raum, den der Firmeneigentümer viermal im Jahr in seiner Eigenschaft als Kreisjagdverbandsvorsitzender für ein Vorstandstreffen nutzt. Ansonsten steht der Raum leer, abgesehen von ein paar Jagdtrophäen an den Wänden. Dabei wäre genau dieser Raum als Zwischenlager für die verpackte Ware bestens geeignet. Mehrmals haben Mitarbeiter ihren Werkleiter gebeten, mit dem Eigentümer über die Nutzung des Raums zu reden – ohne Erfolg.

▶

Im Rahmen einer Quality-Awareness-Befragung werden auch Mitarbeiter aus dem besagten Fertigungsstandort interviewt. Die meisten von ihnen weisen auf die fehlende Lagerfläche und auch die mögliche Lösungsoption hin. Sie verbinden damit die Hoffnung, dass ihr oberster Chef auf diese Weise nun endlich einmal von dem Problem erfährt, das sie schon seit Jahren beschäftigt. Manche Interviews sind emotional richtig aufgewühlt, denn sie arbeiten gerne in »ihrem« Unternehmen und verstehen nicht, dass niemand ihren Wunsch hört beziehungsweise weiterträgt.

Bei der Ergebnis- und Maßnahmenpräsentation der Quality-Awareness-Befragung ist es dann endlich so weit: Der Eigentümer erfährt von dem Problem. Seine Entscheidung ist schnell getroffen: Zukünftig finden die Vorstandstreffen im Festsaal des nahen Gasthauses statt. Der große Raum über der Fertigungshalle steht ab sofort nur noch für die Lagerung der fertig verpackten Ware zur Verfügung. Allein die Jagdtrophäen dürfen hängenbleiben. Als die Mitarbeiter darüber informiert werden, sind sie begeistert: Qualität hat bei uns eben doch die höchste Priorität. Der Werkleiter hat bei der Gelegenheit übrigens gelernt, dass sein oberster Chef eben auch für Botschaften offen ist, die er aus der Perspektive seiner Führungskräfte vermeintlich nicht verträgt. …

Klingt nach Märchen oder Jägerlatein, ist aber wahr!

Nach dem Abschluss der Interviewreihen werden die erhobenen und am Ende eines jeden Interviewtags sofort elektronisch erfassten und bereits vorausgewerteten Daten systematisch verdichtet (Bild 11.13). Dabei bildet das QA-Projektteam organisationsbezogene Cluster, die sich an einzelnen Organisationseinheiten (Einkauf, Produktion, Service usw.) oder an bestimmten Hauptprozessen (Entwicklungs-, Auftragsabwicklungsprozess usw.) orientieren.

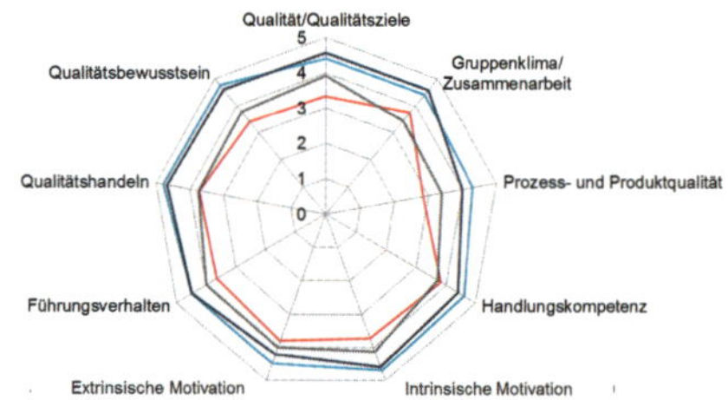

Analysebereiche / OE	OE1	OE2	OE3	OE4	OE5	OE6	OE7	OE8	OE9	OE10
Qualität und Qualitätsziele	11	29	9	14	13	9	15	14	18	16
Gruppenklima und Zusammenarbeit	18	19	16	21	15	11	22	11	12	11
Produkt- und Prozessqualität	20	20	15	12	11	11	13	12	13	15
Handlungskompetenz	41	45	33	35	25	18	39	27	21	24
Intrinsische Motivation	16	13	11	11	9	6	12	9	12	11
Extrinsische Motivation	20	22	13	14	18	7	11	10	17	16
Führungsverhalten	49	47	35	39	28	17	52	24	28	30
Qualitätshandeln	23	24	30	25	19	12	27	15	25	23
Qualitätsbewusstsein	43	44	29	43	29	19	42	25	25	26

Datenauswertung

Bild 11.13 Organisationsbezogene Cluster bilden

Aus diesen ersten Auswertungen können unter Umständen weitere konkrete Hinweise gewonnen werden, an welchen Stellen im Interviewleitfaden in den noch folgenden Interviews in jedem Fall gezielt nachgefragt werden sollte, um bestimmte Sachverhalte durch entsprechende Daten zu belegen oder um von den Interviews weitere klärende Hintergrundinformationen zu erhalten. Dadurch wird das Erhebungsdesign situativ optimiert, ohne dass die bis dahin erhobenen Daten an Wert für die spätere Gesamtauswertung verlieren.

Durch diese systematische Vorgehensweise zeigt sich schnell, welche Analysebereiche und welche Organisationseinheiten (zum Beispiel Entwicklung, Einkauf, Produktmanagement, Fertigung, Vertrieb, Service usw.) ein besonders ausgeprägtes Optimierungspotenzial aufweisen. Diese »Hotspots« lassen sich in Form einer Matrix übersichtlich darstellen und bilden damit eine wesentliche Grundlage für die Identifikation eines konkreten Handlungsbedarfs.

Die Heatmap (Bild 11.14) macht dies beispielhaft deutlich. Die Zahlen geben an, wie viele Handlungsempfehlungen (anders/besser machen) bezogen auf die Organisationseinheiten (OE) in den jeweiligen Analysebereichen von den Interviews gegeben worden sind. Organisationseinheiten mit einer großen Zahl von Handlungsempfehlungen (zunehmend rot dargestellt) haben dementsprechend einen größeren Verbesserungsbedarf als solche mit einem geringeren Handlungsbedarf, die zunehmend grün dargestellt sind. So lässt sich aus der Beispiel-Heatmap unter anderem ablesen, dass die Organisationseinheiten OE 1 und OE 2 einen relativ großen Handlungsbedarf bei Handlungskompetenz, Führungsverhalten und Qualitätsbewusstsein aufweisen, während die Organisationseinheit OE 6 einen vergleichsweise geringen Optimierungsbedarf hat.

Um zu wirklich aussagekräftigen Ergebnissen zu kommen, sind die qualitativen Handlungsempfehlungen vom QA-Projektteam mit Blick auf die Bewertungsergebnisse der skalierten Aussagen zu validieren. Dadurch soll festgestellt werden, ob es sich beispielsweise bei den drei Hotspots der OE 1 um echte Problemfelder handelt oder ob die OE 1 ein Bereich mit besonders kreativen Mitarbeitern ist, die auf einem bereits hohen Qualitätsniveau viele weitere Anregungen für Verbesserungen geben.

Durch dieses Vorgehen wird vermieden, dass spätere Verbesserungsmaßnahmen nach dem »Gießkannenprinzip« alle Organisationseinheiten in gleicher Weise betreffen, denn das würde nicht gerade zu einer großen Akzeptanz der Maßnahmen beitragen, dafür aber zu hohen Kosten führen. Vielmehr können so sehr spezifische Maßnahmen mit einem klaren Bezug zu den einzelnen OEs umgesetzt werden, die konkrete Personen oder Personenkreise inhaltlich und methodisch individuell adressieren.

Analysebereiche \ OE	OE1	OE2	OE3	OE4	OE5	OE6	OE7	OE8	OE9	OE10
Qualität und Qualitätsziele	11	29	9	14	13	9	15	14	18	16
Gruppenklima und Zusammenarbeit	18	19	16	21	15	11	22	11	12	11
Produkt- und Prozessqualität	20	20	15	12	11	11	13	12	13	15
Handlungskompetenz	41	45	33	35	25	18	39	27	21	24
Intrinsische Motivation	16	13	11	11	9	6	12	9	12	11
Extrinsische Motivation	20	22	13	14	18	7	11	10	17	16
Führungsverhalten	49	47	35	39	28	17	52	24	28	30
Qualitätshandeln	23	24	30	25	19	12	27	15	25	23
Qualitätsbewusstsein	43	44	29	43	29	19	42	25	25	26

Die Zahlen geben die Anzahl der Handlungsempfehlungen je Analysebereich in der jeweiligen Organisationseinheit (OE) an.

Bild 11.14 Heatmap: die Hotspots des Qualitätsbewusstseins (Beispiel)

Eine mitunter anzutreffende Reaktion auf die Vorstellung der Heatmap vor den Führungskräften eines Unternehmens sind Aussagen wie: »Das waren doch bestimmt wieder der Herr Müller und die Frau Maier, die sich hier entsprechend geäußert haben.« Damit will die betreffende Führungskraft deutlich machen, dass Einzelaussagen von bestimmten Personen keine Rückschlüsse auf die tatsächliche Situation in ihrem Verantwortungsbereich erlauben und deswegen auch nicht ernst zu nehmen sind. Das mag in dem einen oder anderen Fall dann richtig sein, wenn es wirklich nur um einige wenige derartige

Aussagen geht. Allerdings wäre das Feld in der Heatmap dann in der Regel eher grün oder die Teilstichprobe wäre zu klein gewesen, was allerdings im Vorfeld durch eine entsprechende Anpassung des Stichprobenumfangs vermieden wird.

Mit der Anzahl der Handlungsempfehlungen steigt aber, wie schon erläutert wurde, der erkannte Verbesserungsbedarf und damit die Intensität der roten Farbe. Um dies inhaltlich belegen zu können, ist die Heatmap mit einem Excelsheet hinterlegt, in dem die tatsächlich abgegebenen Handlungsempfehlungen verdichtet sind. In der folgenden Übersicht (Bild 11.15) für die neun Analysebereiche und fünf Organisationseinheiten sind jeweils die verdichteten beiden am häufigsten genannten Aussagen aufgeführt, also beispielsweise betreffend den Analysebereich »Führungsverhalten« in der Organisationseinheit OE 1:

1. Mehr Konsequenz (36 Handlungsempfehlungen).

2. Führungskräfte müssen Qualitätsziele auch konsequent verfolgen/leben (13 Handlungsempfehlungen).

Auch hier mag es dann im Einzelfall noch Zweifel geben, wie diese Anzahl von Handlungsempfehlungen zustande kommt. Kein Problem: Eine Ebene tiefer können alle 36 beziehungsweise 13 Handlungsempfehlungen vollständig aufgerufen werden, bei besonders prägnanten Aussagen sogar in wörtlicher Rede. Damit ist erforderlichenfalls ein Einzelnachweis möglich, der der betreffenden Führungskraft zur Verfügung gestellt werden kann. Allerdings ist in einem solchen Fall nochmals sorgfältig zu prüfen, ob auch wirklich keine Rückverfolgung von mündlichen Aussagen zu bestimmten Personen möglich ist.

Diese hohe Detailgenauigkeit hat in allen bisher durchgeführten Quality-Awareness-Projekten eine große Überzeugungskraft besessen und ist von den meisten Führungskräften auch gerne genutzt worden, um die vorgeschlagenen Maßnahmen auf die gegenwärtige Qualitätssituation und deren Hintergründe zu beziehen und daraus entsprechend wirksame Schlussfolgerungen für das Handeln im eigenen Verantwortungsbereich abzuleiten.

Dadurch trägt auch die Auswertungslogik und -genauigkeit maßgeblich zur späteren Akzeptanz der vorgeschlagenen Maßnahmen und zu deren schneller und wirksamer Umsetzung bei.

Neben den bereits dargestellten Möglichkeiten zur Analyse des umfangreichen qualitativen Datenbestands aus den offenen Fragen werden auch die quantitativen Daten aus den skalierten Aussagen statistisch ausgewertet. Mit diesen Daten lassen sich dann beispielsweise Polaritätenprofile erstellen, die einzelne Organisationseinheiten der Gesamtauswertung gegenüberstellen, oder Varianzen berechnen, um die Streuung von Werten abzubilden (Bild 11.16).

Analysebereiche / OE	OE1	OE2	OE3	OE4	OE5
Qualität und Qualitätsziele	1. Mehr Kommunikation über Q-Ziele (6) 2. Mehr Konstanz und Erreichbarkeit der Ziele (5)	1. Klarere Definition des Qualitätsbegriffs (19) 2. Mehr Kommunikation über Q-Ziele (10)	1. Mehr Kommunikation über Q-Ziele (5) 2. Ziele sind nicht immer kompatibel (4)	1. Mehr Konstanz und Erreichbarkeit der Ziele (8) 2. Mehr Kommunikation über Q-Ziele (6)	1. Mehr Kommunikation über Q-Ziele (9) 2. Ziele sind nicht immer kompatibel (4)
Gruppenklima und Zusammenarbeit	1. Bereichsübergreifende Zusammenarbeit verbessern (11) 2. Gruppenaktivitäten forcieren (7)	1. Kommunikation verbessern (11) 2. Zuständigkeiten respektieren (8)	1. Bereichsübergreifende Zusammenarbeit verbessern (11) 2. Mehr soziale Events (5)	1. Gruppenaktivitäten forcieren (11) 2. Kommunikation verbessern (10)	1. Bereichsübergreifende Zusammenarbeit verbessern (10) 2. Kommunikation verbessern (5)
Produkt- und Prozessqualität	1. Mehr Q-Personal zur schnelleren Bearbeitung (12) 2. Job-Rotation und Tandems installieren (8)	1. Definierte Prozesse müssen gelebt werden (12) 2. Schnellere Rückmeldung in den Prozessen (8)	1. Besseres Material bestellen, Lieferantenauswahl! (10) 2. Prozesse ständig überprüfen und verbessern (5)	1. Job-Rotation und Tandems (7) 2. Gutes Rohmaterial bestellen (5)	1. Schnittstellenübergreifende Prozesse verbessern (8) 2. Schnellere Rückmeldung in den Prozessen (3)
Handlungskompetenz	1. Verantwortlichkeiten und Zuständigkeiten klären (28) 2. Mehr Zeit, um über den Tellerrand zu blicken (13)	1. Mehr Zeit für Q-Themen schaffen (27) 2. Mehr Informationen weitergeben (18)	1. Mehr Eigenverantwortlichkeit (26) 2. Mehr Schulungen (7)	1. Mehr Ressourcen (Zeit, Geld), um Themen angehen zu können (26) 2. Verantwortlichkeiten und Zuständigkeiten klären (9)	1. Mehr Zeit, um über den Tellerrand zu blicken (16) 2. Ausstattung des Arbeitsplatzes verbessern (9)
Intrinsische Motivation	1. Nicht demotivieren, Spaß und Interesse der Aufgabe sicherstellen (11) 2. Mehr eigenverantwortliches Handeln ermöglichen (5)	1. Mehr Wertschätzung (9) 2. Mehr Eigenverantwortlichkeit (4)	1. Aufgabenvolumen reduzieren (7) 2. Mehr Wertschätzung (4)	1. Mehr Eigenverantwortlichkeit (6) 2. Mehr Wertschätzung (5)	1. Nicht immer den Schuldigen suchen (6) 2. Aufgabenvolumen reduzieren (3)
Extrinsische Motivation	1. Ideenmanagement neu strukturieren (12) 2. Wirksameres Anreizsystem einrichten (8)	1. Schulungen zu Abläufen und Produkten (bereichsübergreifend) (15) 2. Transparenteres Ideenmanagement (7)	1. Besseres Anreizsystem (7) 2. Kritische Feedbackkultur, keine „Kuschelkultur" (6)	1. Flexible Arbeitsplatzmodelle, Arbeitszeitmodelle (8) 2. Schulungen zu Abläufen und Produkten (bereichsübergreifend) (6)	1. Kritische Feedback-Kultur, keine „Kuschelkultur" (14) 2. Transparenteres Ideenmanagement (4)
Führungsverhalten	1. Mehr Konsequenz (36) 2. FK müssen Q-Ziele auch konsequent verfolgen/leben (13)	1. Führungskräfte müssen mehr Zeit für den MA haben (31) 2. Mehr Lob und Anerkennung (16)	1. Führungskräfte müssen Fehlerkultur schaffen (25) 2. Mehr Zeit für Führung (10)	1. Mehr Zeit für Führung (23) 2. FK müssen Q-Ziele auch konsequent verfolgen/leben (16)	1. Mehr Lob und Anerkennung (20) 2. Mehr Konsequenz (8)
Qualitätshandeln	1. Q-Probleme offener und konsequenter ansprechen (17) 2. Plattform zum bereichsübergreifenden Austausch schaffen (6)	1. Patenschaft für neue Mitarbeiter zum Thema „Qualität" einführen (19) 2. Mehr konkrete Checklisten (5)	1. Konsequenteres Vorgehen bei Sonderfreigaben (16) 2. Qualität klar vor Kosten und Lieferfähigkeit stellen (14)	1. Konsequenteres Vorgehen bei Sonderfreigaben (15) 2. Mehr Eigenverantwortlichkeit (10)	1. Q-Probleme offener und konsequenter ansprechen (11) 2. Qualität klar vor Kosten und Lieferfähigkeit stellen (8)
Qualitätsbewusstsein	1. Q-Strategie muss vorgelebt werden (28) 2. Schulungen, die Einblicke in andere Abteilungen ermöglichen (Motto: "Welche Auswirkungen hat mein Handeln?") (13)	1. Mitarbeiter stärker beteiligen, um die Wiederholung von Fehlern zu vermeiden (25) 2. Kundenerwartungen klar vermitteln (19)	1. Q-Strategie muss vorgelebt werden (16) 2. Klare unternehmensweite Definition von Qualität (13)	1. Direkte/informelle Kommunikation und Diskussion zu Q-Themen (27) 2. Schulungen: „Welche Auswirkungen hat mein Handeln auf Qualität?" (16)	1. Mitarbeiter stärker beteiligen, um Wiederholungen von Fehlern zu vermeiden (21) 2. Q-Strategie muss vorgelebt werden (8)

Bild 11.15 Jeder Hotspot kann mit detaillierten Aussagen belegt werden

Die Ergebnisse der statistischen Analysen ergeben dann in der Summe ein präzises und empirisch belegtes Bild der Ist-Situation, auf dessen Grundlage sich fundierte Schlussfolgerungen für die Ableitung von Handlungsempfehlungen ziehen lassen.

Um Vergleichsmöglichkeiten zu haben und weitere Anregungen zu gewinnen, lassen sich auch anonymisierte Profillinien aus bereits abgeschlossenen QA-Befragungen mit den Profillinien der aktuellen QA-Befragung in einem bestimmten Unter-

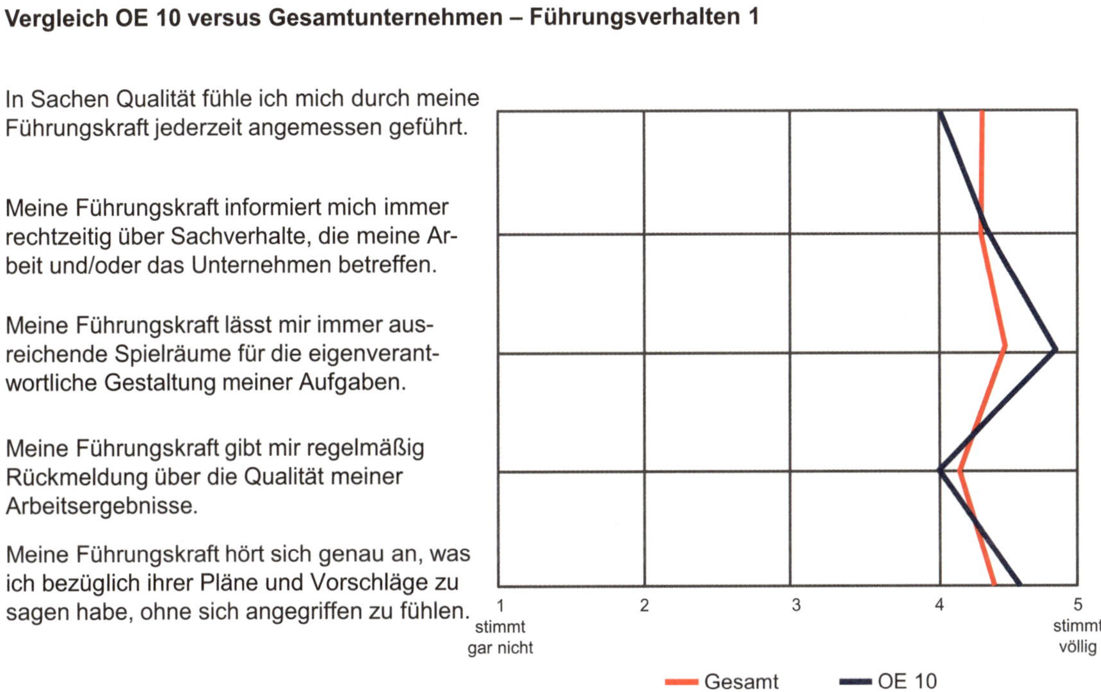

Bild 11.16 Die Profillinien machen den Handlungsbedarf deutlich

nehmen vergleichen (Bild 11.17). Polarkoordinatendarstellungen vermitteln dabei einen Überblick, wo das untersuchte Unternehmen in den einzelnen Analysebereichen aktuell steht und auf welchem Niveau die besten der bisher analysierten Unternehmen liegen. Auf diese Weise lassen sich vielfältige und differenzierte Impulse für die Weiterentwicklung des Qualitätsniveaus im aktuell betrachteten Unternehmen gewinnen.

Bei der Analyse von Best-Practices kann es sowohl um ein Internal Benchmarking (zum Beispiel ist der Standort 1 des analysierten Unternehmens bei der Prozess- und Produktqualität oder bei den Qualitätszielen besser als das Gesamtunternehmen) als auch um ein Competitive, Functional oder Generic Benchmarking gehen (zum Beispiel wird das Gesamtunternehmen einem Unternehmen der Maschinen- und Anlagenbaubranche und einem Automobilzulieferer gegenübergestellt, die hinsichtlich aller Kriterien signifikant besser sind).

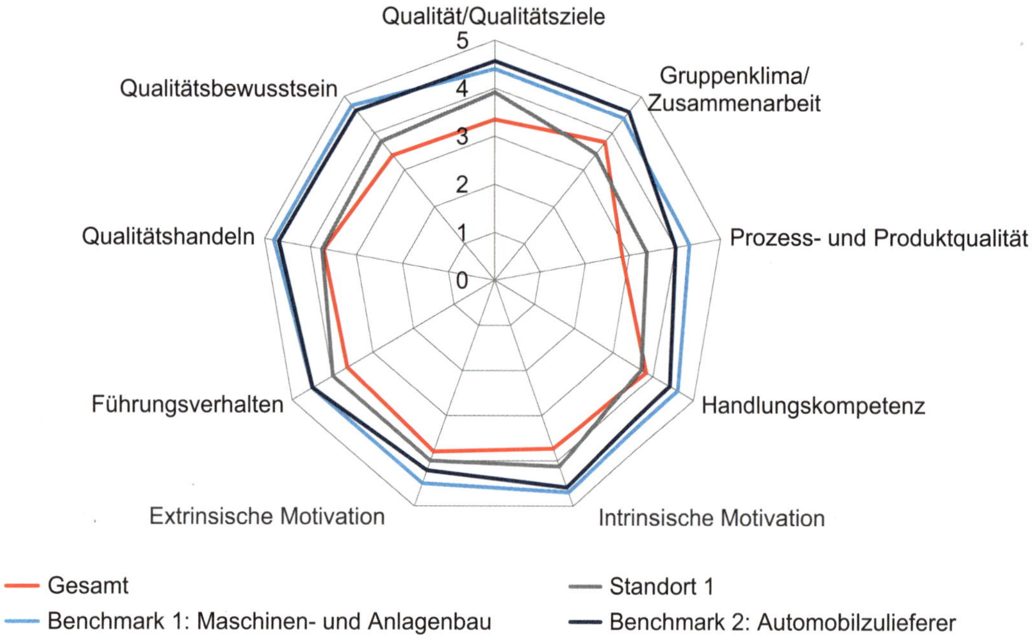

Bild 11.17 Die Polarkoordinatendarstellung zeigt, wo die Benchmarks liegen

Beispiel 5: Wie viele Japaner haben wir?

Ein Unternehmen für Befestigungssysteme mit einer hohen Affinität zu Japan und der japanischen Arbeits-, Lebens- und Qualitätsphilosophie des Kaizen (改善), also der kontinuierlichen Veränderung zum Besseren, stellt im Zusammenhang mit einer QA-Analyse die Frage, wie viele Mitarbeiter mit einem »japanischen Mindset« es im eigenen Unternehmen gibt. Die in der Befragung gezogene Stichprobe von über 200 Mitarbeitern wird daraufhin anhand der Ausprägungen der beiden Variablen »Qualitätsbewusstsein« und »Qualitätshandeln« statistisch analysiert. Als Unterscheidungsmerkmal werden die Mittelwerte der beiden Variablen herangezogen. Im Ergebnis lassen sich die vier in Bild 11.18 dargestellten Mitarbeitergruppen bilden, die hinsichtlich dieser beiden Kriterien über- oder unterdurchschnittliche Werte aufweisen. ▶

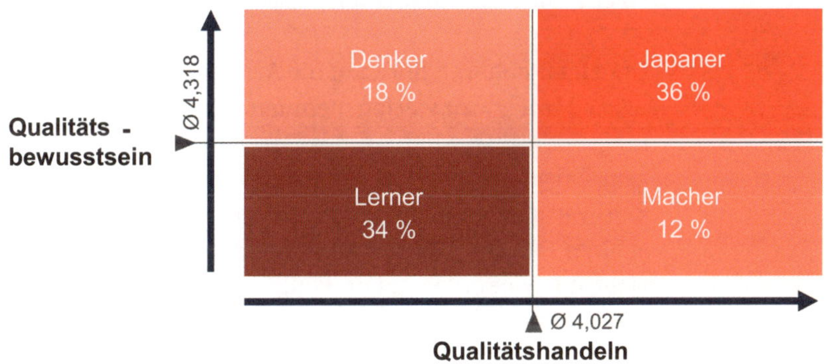

	Q-Bewusstsein	Q-Handeln		Q-Bewusstsein	Q-Handeln
Denker	> Ø	< Ø	Japaner	> Ø	> Ø
Lerner	< Ø	< Ø	Macher	< Ø	> Ø

Bild 11.18 Von Japanern lernen

Der Anteil der »Japaner« liegt demnach bei dem mit der Quality-Awareness-Methode untersuchten Unternehmen aktuell bei 36 Prozent, der Anteil der »Lerner« ist mit 34 Prozent fast genauso hoch. In einem Best-Practice-Unternehmen, das als Vergleichsmaßstab dient, liegt der Anteil der »Lerner« dagegen nur bei 17 Prozent, während der Anteil der »Japaner« 53 Prozent beträgt. Damit ist klar: Unser Hersteller für Befestigungssysteme kann von seinem Vorbild Japan doch noch etwas lernen – was dann bei der Umsetzung der Maßnahmen auch passiert!

11.3 Schritt 3: Maßnahmen zur Steigerung der Unternehmensqualität

Auf der Grundlage der erhobenen Daten und umfangreicher quantitativer und qualitativer Analysen wird vom QA-Projektteam im dritten Schritt der Quality-Awareness-Methode ein umfassender und detaillierter Ergebnisbericht erstellt.

Dieser Bericht enthält alle relevanten quantitativen statistischen Auswertungen und die verdichteten qualitativen Aussagen. Er benennt die konkreten Handlungsfelder mit Optimierungspotenzial. Auf dieser Grundlage werden geeignete Maßnahmen zur Verbesserung des Qualitätsbewusstseins, des Qualitätshandelns und letztendlich der Produkt-, Prozess- und Unternehmensqualität sowie der Kundenzufriedenheit vorgeschlagen (Bild 11.19). Damit wird er sowohl zum Ausgangspunkt für die Entwicklung von konkreten Maßnahmenplänen für die nachhaltige Qualitätsoptimierung als auch für die unmittelbare Initiierung von Quick-win-Aktivitäten. Vor allem sie sind es, die ein hohes Motivationspotenzial besitzen und sich dementsprechend positiv und direkt auf das Qualitätsbewusstsein der Mitarbeiter auswirken. Erinnert sei hier an das Beispiel 4: Die Sache mit dem Jagdzimmer …

Um einen näheren Blick auf die Art von möglichen Handlungsempfehlungen zu werfen, nehmen wir zum Beispiel das Handlungsfeld »Überwindung des Bereichsdenkens«, das in unserem beispielhaften Fall als ebenso dringlich wie wichtig für eine Veränderung identifiziert wurde. Die in Bild 11.20 dargestellten Empfehlungen sind dann im detaillierten Ergebnisbericht mit weitergehenden, konkreten Vorschlägen für Einzelmaßnahmen, Verantwortlichkeiten und Zeiträume beziehungsweise Zeitpunkte hinterlegt. Damit steht dem Unternehmen ein präziser Masterplan für die effektive und effiziente Maßnahmenrealisierung zur Verfügung, der als Qualitätscockpit zur übergreifenden Steuerung der Einzelaktivitäten genutzt werden kann.

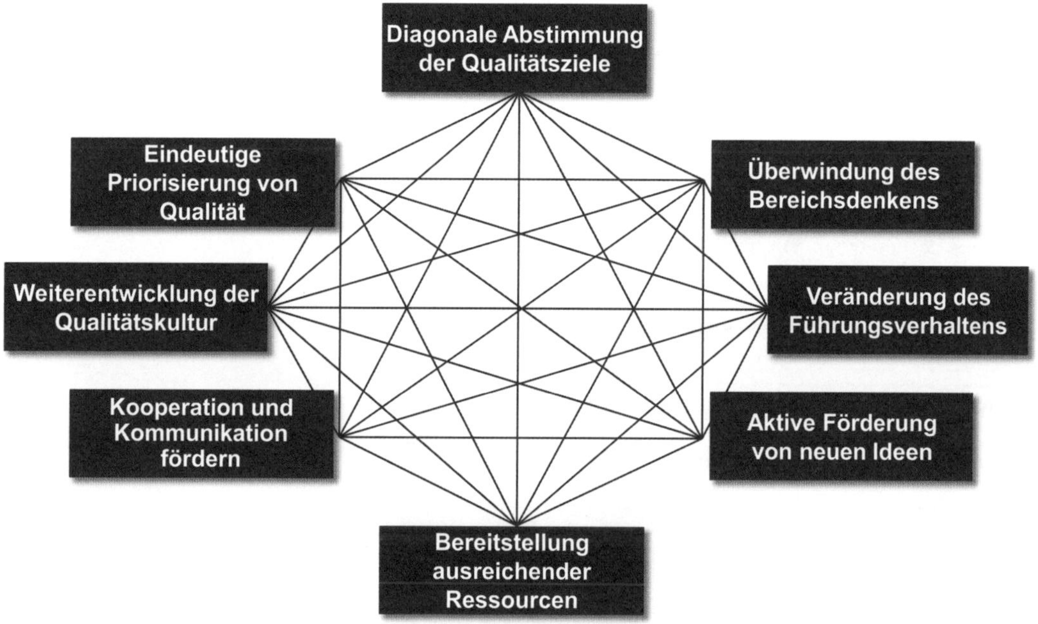

Bild 11.19 Mögliche Handlungsempfehlungen (Beispiel)

Handlungsfeld: Bereichsdenken

- Bereichsdenken durch geeignete Maßnahmen überwinden (z. B. prozessorientierte Workshops)
- Umgang mit Konflikten lernen. – »Deliberated conflicts« als gemeinsame Lernchance begreifen
- Crossfunktionale Aktivitäten, z. B. im Rahmen von Teambuilding, entlang der Prozesskette fördern
- Möglichkeiten zum Austausch schaffen (z. B. Job Rotation, Kommunikationsplattformen, …)

→ **Zusammenfassung:**
Das bereichsorientierte Denken und Handeln bildet bei XY nach wie vor eine wesentliche Barriere für agilere, schnellere und zielgerichtetere Prozesse. Strukturelle (Schnittstellenmanagement) und kulturelle Maßnahmen (Kooperationstrainings) können hier deutliche Effizienzverbesserungen bewirken.

Bild 11.20 Handlungsempfehlungen für den Aspekt »Überwindung des Bereichsdenkens«

Beispiel 6: Wer ist qualitätsbewusster?

Wenn es um die nachhaltig wirksame Umsetzung von grundlegenden Veränderungen geht – und um nichts anderes handelt es sich bei dem Wandel des Qualitätsbewusstseins und -handelns –, spielen die Führungskräfte aller Ebenen eine entscheidende Rolle. Nur wenn jeder von ihnen ein persönliches Leistungsversprechen gibt (Management Commitment) und seine Vorbildfunktion aktiv und für alle sichtbar wahrnimmt, lässt sich die Qualitätskultur eines Unternehmens dauerhaft verändern.

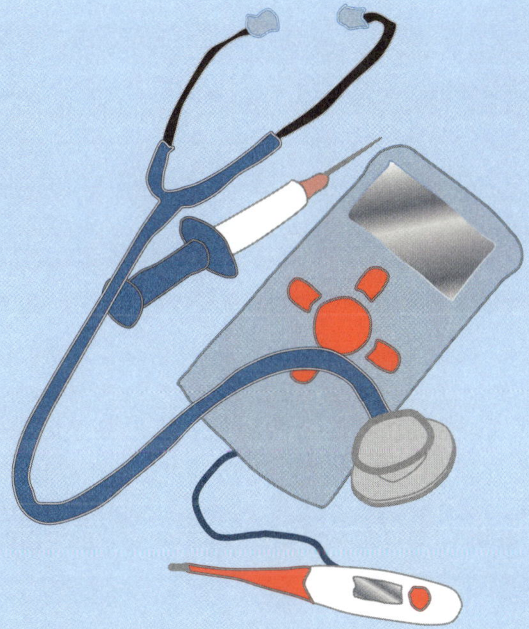

Einem Hersteller von Medizintechnikprodukten ist dies natürlich bekannt. Hier kommt es auf allerhöchste Präzision nicht nur in der Fertigung an. Insofern ist die in Bild 11.21 dargestellte Tabelle von besonderem Interesse, in der die Durchschnittswerte von Führungskräften und Mitarbeitern im Hinblick auf bestimmte awarenesswirksame Befragungsitems einander gegenübergestellt sind.

Bei der Entwicklung von geeigneten Maßnahmen zur Qualitätsverbesserung auf höchstem Niveau sind diese empirisch belegten Erkenntnisse sehr wertvoll. So hat beispielsweise Qualität für die Führungskräfte im Gegensatz zu ihren Mitarbeitern zum einen offenbar eine geringere Bedeutung als die Geschwindigkeit der Arbeitsausführung. Zum anderen halten die Mitarbeiter Prozessvorgaben deutlich strikter ein als ihre Vorgesetzten. Offenbar stimmt hier also etwas mit der Vorbildfunktion und/oder den Rahmenbedingungen nicht. Genügend Grund also, um sich intensiver mit den Ursachen der dahinterstehenden Einstellungen von Führungskräften und Mitarbeitern zu befassen und auf eine schnelle Klärung und baldige Veränderung hinzuarbeiten.

Quantitative Aussagen	Ø Führungskräfte:	Differenz:	Ø Mitarbeiter:
Alle Mitglieder unseres Teams verstehen sich als Lieferant von Leistungen an den (internen) Kunden.	4,17	+ 0,40	4,57
Erkenntnisse aus Fehlermeldungen werden immer konsequent an die Prozessschnittstellen kommuniziert.	3,91	+ 0,19	4,10
Qualität ist für mich wichtiger als Schnelligkeit der Arbeitsausführung.	4,08	+ 0,57	4,65
Meine Führungskraft macht mir regelmäßig klar, wie wichtig es ist, die Qualität zu verbessern.	4,45	- 0,22	4,23
Qualitätsmängel haben immer sofort Verbesserungsmaßnahmen zur Folge.	4,16	- 0,27	3,89
Ich halte die Prozessvorgaben in jedem Fall strikt ein.	4,09	+ 0,62	4,71

Bild 11.21 Gegenüberstellung der Durchschnittswerte von Führungskräften und Mitarbeitern im Hinblick auf awarenesswirksame Befragungsitems

Genaue Maßnahmenplanung auf der Grundlage von Kausalanalysen

Ein typisches Problem für die erfolgreiche Umsetzung von Aktivitätenlisten sind diejenigen Maßnahmen, die nicht wirklich inhaltlich und methodisch zielgruppenspezifisch ausgerichtet sind und die nicht den tatsächlichen Bedürfnissen ihrer Adressaten entsprechen. Denn wer verbringt schon gerne einen oder mehrere Tage in einem Workshop zur Prozessoptimierung, wenn die Prozesse in seinem Verantwortungsbereich nachweislich optimal laufen und alle Prozessbeteiligten ein ideales Rollenverständnis haben?

Hier bietet die Kausalanalyse eine hervorragende Möglichkeit, um die Ursache-Wirkungs-Zusammenhänge in einzelnen Organisationseinheiten oder im gesamten Unternehmen genauer unter die Lupe zu nehmen und zu prüfen, welche Maßnahmen wirklich zielführend sind. Nehmen wir hierzu das im Bild 11.22 dargestellte Beispiel.

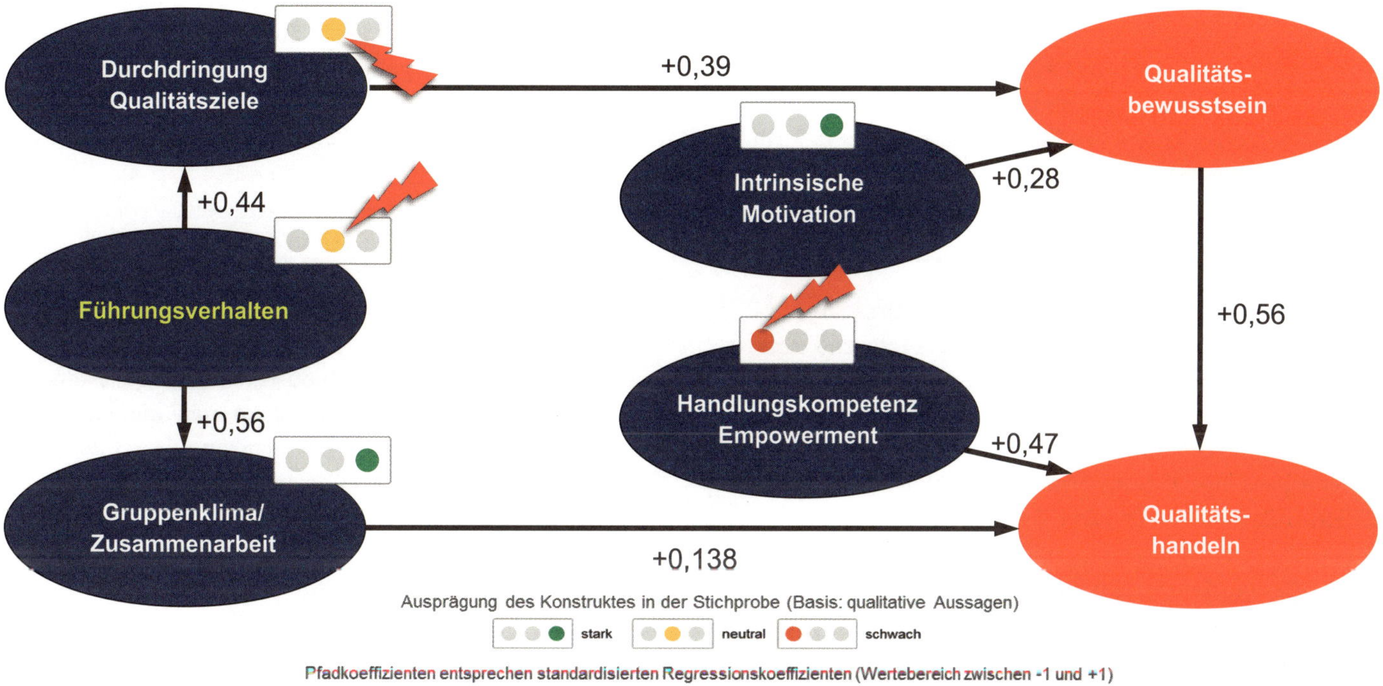

Bild 11.22 Die Frage lautet: Welcher Ursache-Wirkungskette würden Sie Ihre besondere Aufmerksamkeit widmen, wenn das Führungsverhalten die Schlüsselvariable ist?

Im dargestellten Fall macht es wenig Sinn, die untere Wirkungskette über das Gruppenklima und die Zusammenarbeit weiter zu fördern. Warum? Weil die zugrunde liegende Stichprobe gezeigt hat, dass dieses sogenannte »Konstrukt« bereits sehr stark ausgeprägt ist. Das heißt, dass die qualitativen Aussagen der Befragten hier keinen Handlungsbedarf erkennen lassen oder anders ausgedrückt: Die Zusammenarbeit funktioniert gut, das Gruppenklima ist positiv und motivationsfördernd. Offenbar wirkt das Verhalten der Führungskräfte, das in sich auch Verbesserungspotenzial bietet, also mit einer mittleren Wirkungsstärke von + 0,56 grundsätzlich genau in die richtige Richtung.

Ein weiterer Faktor für die Entscheidung, diese Ursache-Wirkungskette nicht in den Fokus zu nehmen, ist die Tatsache, dass das Gruppenklima beziehungsweise die Zusammenarbeit nur mit einer Wirkungsstärke von + 0,138 auf die Zielvariable »Qualitätshandeln« Einfluss nehmen. Weitere Anstrengungen könnten hier zwar grundsätzlich unternommen werden, sie hätten aber nur eine relativ schwache Zielwirkung.

Anders sieht dies bei der Durchdringung der Qualitätsziele aus. Auch hier wirkt das Führungsverhalten mit einer mittleren Wirkungsstärke von + 0,44 positiv auf diese Variable. Allerdings ist deren Ausprägung in der Stichprobe neutral. Damit gibt es hier grundsätzlich noch ein Verbesserungspotenzial. Entscheidend für die Wahl der oberen Ursache-Wirkungskette ist aber vor allem die Tatsache, dass diese mit einer Wirkungsstärke von + 0,39 auf das Qualitätsbewusstsein wirkt und dieses wiederum mit einer Wirkungsstärke von + 0,56 auf das tatsächlich sichtbare Qualitätshandeln. Es lohnt sich also, die Qualitätsziele in Zukunft besonders sorgfältig aufzustellen, abzustimmen, zu kommunizieren und deren Zielerreichung konsequent nachzuhalten. Wenn das gelingt, wirkt dies bewusstseinsprägend im Sinne einer Verinnerlichung der Bedeutung von Qualitätszielen und der Notwendigkeit, diese Ziele auch zu erreichen.

Die Ergebnisse der Kausalanalyse in dem in Bild 11.22 dargestellten Beispiel geben aber noch zwei weitere wichtige Hinweise:

- Erstens ist es zweckmäßig, sich das Führungsverhalten einmal genauer anzusehen. Offenbar können die Führungskräfte hier noch einiges verbessern, zumindest was das Thema »qualitätsbezogenes Führen« anbelangt. Konkrete Informationen hierzu finden sich in der Aussagenliste der Heatmap (Bild 11.15), in der die qualitativen Aussagen der Befragten im Einzelnen erfasst sind.

»*Führungskräfte auf allen Ebenen schaffen die Übereinstimmung von Zweck und Ausrichtung sowie Bedingungen, unter denen Personen sich für die Erreichung der Qualitätsziele der Organisation engagieren.«*
(DIN ISO 9000:2015)

- Zweitens ist die Handlungskompetenz, also die Möglichkeit, selbstständig und eigeninitiativ tätig zu werden, für die Mitarbeiter der hier abgebildeten Organisationseinheit problematisch. Da diese Variable aber mit einer mittleren Stärke von +0,47 unmittelbar positiv auf das Qualitätshandeln wirkt, macht es sehr viel Sinn, sich Gedanken über den derzeitigen Zuschnitt von Aufgaben, Kompetenzen und Verantwortung der betreffenden Stellen zu machen und diesen erforderlichenfalls zu korrigieren und/oder die Handlungskompetenz der Mitarbeiter durch geeignete Schulungs- und Trainingsmaßnahmen zu verbessern.

Immer wieder: die besondere Rolle der Führungskräfte

In der DIN ISO 9000:2015[1] heißt es: »Führungskräfte auf allen Ebenen schaffen die Übereinstimmung von Zweck und Ausrichtung sowie Bedingungen, unter denen Personen sich für die Erreichung der Qualitätsziele der Organisation engagieren.« Diese Aussage beschreibt einen Idealzustand. Die Wirklichkeit sieht anders aus.

1 DIN EN ISO 9000:2015-11 Qualitätsmanagementsysteme – Grundlagen und Begriffe. Beuth, Berlin 2015

Auf die besondere Rolle der Führungskräfte hinzuweisen, kann deshalb nicht oft genug geschehen, denn Studien zeigen immer wieder, dass den Führungskräften bei der Weiterentwicklung des Qualitätsbewusstseins eine entscheidende Aufgabe zukommt. So hat FORBES INSIGHTS auf der Grundlage einer Befragung von fast 2300 Führungskräften bereits im Jahr 2014 nachgewiesen: Während rund 75 Prozent der C-Suite-Manager glauben, dass es in ihrem Unternehmen eine umfassende und wirksame Qualitätskultur gibt, sind dies bei den Qualitätsmanagern selbst weniger als die Hälfte. Die Studie beschreibt das so: »The further from the C-suite, the less favorable the view of the culture of quality« (Forbes Insight: Culture of Quality, New York 2014). Offenbar gibt es hier also so etwas wie eine hierarchiebedingte Wahrnehmungslücke oder frei nach dem Liedermacher Reinhard Mey: Über den Wolken muss die Qualität wohl grenzenlos sein …

Diese Feststellung entspricht unseren Erfahrungen in vielen Unternehmen, in denen die Qualitätsmanager aufgrund ihres tagtäglichen Umgangs mit Qualitätsthemen und den dahinter liegenden Verhaltensmustern einen wesentlich weniger optimistischen Blick auf die Wirklichkeit der Qualitätskultur haben als ihre Top-Manager oder die Führungskräfte anderer Bereiche, die sich dann gerne auf die Position zurückziehen, für die Qualität sei ja schließlich das Qualitätsmanagement verantwortlich.

Um es nochmals klar zu sagen: Diesem weit verbreiteten Irrtum müssen ALLE Führungskräfte eines Unternehmens entschieden entgegentreten. Die Sicherstellung höchster Qualität und Kundenzufriedenheit ist prioritäre Aufgabe und Verantwortung jeder einzelnen Führungskraft und jedes einzelnen Mitarbeiters! Das erfordert den permanenten und unzweideutigen Einsatz für Qualität. Nur durch eine entsprechend ausgerichtete transformationale und transaktionale Führung entsteht ein ausgeprägtes Qualitätsbewusstsein als Grundlage einer handlungswirksamen Qualitätskultur. In Weltklasseunternehmen ist dieses Engagement bei über 80 Prozent der Führungskräfte vorhanden, im Durchschnitt aller Unternehmen der FORBES-Studie sind dies dagegen nur weniger als 50 Prozent. Das sollte zu denken geben!

Gerade in dieser Hinsicht bietet die Quality-Awareness-Methode mit ihrer großen Präzision der Handlungsempfehlungen für Führungskräfte die Möglichkeit, sich detailliert über die Hintergründe der Qualitätssituation in ihrem Verantwortungsbereich zu informieren, diese (auch selbstkritisch) zu betrachten und individuelle Schlussfolgerungen zu ziehen und umzusetzen. Damit ist die Grundlage für ein kontinuierliches Vorleben von Qualität gelegt, das dann nach dem Motto »Walk the talk on quality« tagtäglich erfolgen muss. Nur so kann der Funke der Qualität überspringen. Eine wirksame Qualitätskultur erfordert dies zwingend!

11.4 Schritt 4: Evaluation und Weiterentwicklung des Qualitätsbewusstseins

Während der Umsetzung der Maßnahmen zur Qualitätsverbesserung ist ein begleitendes Controlling der Zielerreichung sinnvoll. Grundsätzlich bietet sich hier ein professionelles Multiprojektmanagement an, das die einzelnen Projekte und ihre Maßnahmenpakete zielgerichtet bündelt und koordiniert. So können beispielsweise Schnittstellen-Workshops entlang der Prozesskette, Schulungsmaßnahmen oder Coachingaktivitäten sinnvoll aufeinander abgestimmt und miteinander verknüpft werden.

Im Rahmen der Programmplanung sollte darauf geachtet werden, dass der Zeithorizont nicht zu kurz gewählt wird, denn die Veränderung von Denkmustern und Verhaltensweisen benötigt ausreichend Zeit. Um festzustellen, wo das Unternehmen nach ein bis zwei Jahren beim Qualitätsbewusstsein steht, gibt es mehrere Möglichkeiten:

- So kann zu einem späteren Zeitpunkt nochmals eine kleinere repräsentative Stichprobe gezogen werden, um den Stand der Weiterentwicklung methodisch einwandfrei zu erfassen und zu evaluieren.

- Alternativ können strukturierte Workshops durchgeführt werden, um den Stand des Qualitätsbewusstseins und seiner Wirkungen im offenen Dialog zu besprechen, zu beurteilen und über weiterführende Aktivitäten nachzudenken. Dieses Vorgehen hat den Vorteil einer unmittelbareren Kommunikation mit einigen der Prozessbeteiligten und von deren wertschätzender Einbindung – beides wichtige Erfolgsfaktoren in einem Ongoing-Process.

- Schließlich können ausgewählte Fragen aus der mündlichen QA-Befragung in die nächste schriftliche Mitarbeiterbefragung übernommen werden, um eine breitere Rückmeldung mit einem geringen Aufwand zu erhalten.

Im Allgemeinen kombinieren Unternehmen, die ein QA-Programm umsetzen, spezifische Workshops und die turnusmäßige Mitarbeiterbefragung miteinander, um sowohl die Möglichkeit des direkten Dialogs als auch die zahlenmäßig umfassendere Rückmeldung aus einer Mitarbeiterbefragung zu nutzen.

In jedem Fall sollten sich die Programmverantwortlichen schon frühzeitig überlegen, wie die einzelnen Maßnahmen systematisch verfolgt und gesteuert, deren Wirkung bewertet und die Weiterentwicklung des Qualitätsbewusstseins sichergestellt werden sollen.

Hierzu ist ein festes, interdisziplinäres Team zu bilden, das diese Aufgabe übernimmt. Als Teammitglieder kommen neben der obersten Leitung des Qualitätsmanagements ausgewählte Vertreter aus den besonders qualitätsrelevanten direkten Bereichen ebenso in Frage wie Vertreter aus den indirekten Bereichen und hier insbesondere aus der Personalentwicklung und dem Bereich Unternehmenskommunikation.

12

Der Weg zur Qulitätsexzellenz

12.1 Was kann mit der Quality-Awareness-Methode erreicht werden?

Sicherlich kann auch unsere Methode keine Wunder bewirken. Sie kann allerdings maßgeblich dazu beitragen, die richtigen Dinge richtig zu machen, also im Sinne des Vordenkers der modernen Managementlehre Peter F. Drucker[1] bei der Erreichung von Qualitätsexzellenz »effektiv« und »effizient« zu sein. Vielen Unternehmen gelingt beim Thema »Qualitätsbewusstsein« bisher weder das eine noch das andere.

Der Vorteil der Quality-Awareness-Methode ist, dass die auf ihrer Grundlage entwickelten Maßnahmen auf den tatsächlichen Gegebenheiten aufsetzen. Vielfach sind diese ja gar nicht oder zumindest nicht ausreichend bekannt und objektiviert, sondern sie werden über die Hierarchie- und Bereichsgrenzen hinweg mehrfach »gefiltert« mit dem Ergebnis, dass bei den Top-Entscheidern ein Bild entsteht, das bestenfalls in Ansätzen der Wirklichkeit entspricht. Als Konsequenz daraus wird dann an den Symptomen von Qualitätsproblemen, aber nicht an deren Ursachen gearbeitet. Entsprechend bescheiden fallen die Erfolge aus!

1 Drucker, P. F.: »Managing for Business Effectiveness.« In: Harvard Business Review. 3, Mai/Juni, 1963, S. 53 – 60

Das in Bild 12.1 dargestellte Beispiel eines Automobilzulieferers zeigt, dass sich mit einer auf der Quality-Awareness-Methode basierenden einmaligen Kampagne zur Qualitätsverbesserung in einem überschaubaren Zeitraum wesentliche Qualitätsfortschritte sowohl im Lieferantenbereich als auch im internen Bereich erzielen und die Cost-of-Poor-Quality signifikant senken lassen.

12.2 Woran die Quality-Awareness-Methode scheitern kann ...

Wie wir gesehen haben, bringt der Einsatz der Quality-Awareness-Methode qualitätsrelevante Schwachstellen und Verbesserungspotenziale klar und eindeutig ans Licht. Allerdings wol-

Europe 2014–2017 **Automobilzulieferer**

		Europe		
		2014	2016	2017
Supplier	Supplier Rejects (ppm)	995	333	145
	▪ Ready for Assembly (ppm)	825	175	110
	▪ Raw material (ppm)	11.000	5.550	2.150
Internal	Functional Test Failures (ppm)	14.000	9.600	3.757
	Intercompany Rejects (ppm)	1.135	655	105
	Product Safety Audits	critical	clear improvement	durable improvement
	Cost of poor quality (% Sales Volume)	1,90	1,00	0,50
	New Campaigns (#)	1	QA-Campaign 0	0

Bild 12.1 Qualitätsfortschritte durch die Quality-Awareness-Methode (Beispiel)

len nicht immer alle Verantwortungsträger, dass die Problemursachen zweifelsfrei identifiziert werden können. Häufig kehrt man stattdessen die Qualitätsprobleme lieber so lange »unter den Teppich«, bis keine andere Wahl mehr bleibt. Manchmal ist es dann allerdings so spät, dass die Problemlösung einen wesentlich größeren Aufwand erfordert, als dies zu einem früheren Zeitpunkt notwendig gewesen wäre. Im Folgenden sind einige typische Probleme aufgeführt, durch welche die wahren Ursachen von Qualitätsmängeln im Alltag gerne verdeckt werden (Bild 12.2).

➔ Typische Bottom-up-Probleme:

- Schönfärberei und Information-Hiding
- Alibi-Aktivitäten und Strohfeuereffekte
- Zeitmangel, Ressourcenengpässe
- Unangemessenes Reporting

➔ Typische laterale Probleme:

- Bereichsegoismen und konträre Qualitätsziele
- Latente Schnittstellenkonflikte
- Suche nach Schuldigen als Verhaltensmuster

➔ Typische Top-down-Probleme:

- Fehlendes Commitment des Top-Managements
- Nachlassendes Interesse nach (scheinbar) erfolgreichen „Reparaturen“
- Unterschiedliche Ansprüche und Geschwindigkeiten

Bild 12.2 Probleme, die Ursachen von Qualitätsmängeln verdecken

Von daher findet die Quality-Awareness-Methode in den Unternehmen nicht nur Liebhaber. Manchmal steckt hinter einer Ablehnung des Verfahrens durch einzelne Personen schlichtweg die Angst, dass durch die direkte Befragung von Mitarbeitern das eigene Unvermögen sichtbar wird. Teilweise fehlt es aber auch an der Bereitschaft der Top-Entscheider, die wirklich relevanten Probleme mit einem oft nicht unerheblichen Aufwand an persönlicher Energie, einer ausreichenden Konfliktbereitschaft und einer gehörigen Portion Durchsetzungsvermögen konsequent anzugehen.

Das bedeutet, dass die Führungskräfte ausnahmslos am gleichen Strang und in die gleiche Richtung ziehen müssen, wenn höchste Qualität als Ziel postuliert wird. Das Sankt-Florians-Prinzip kann damit nicht die Maxime des Handelns sein! Vielmehr muss allen klar sein, dass Qualitätsexzellenz nur möglich ist, wenn Qualität kompromisslos vorgelebt wird – tagtäglich und in jedem Fall!

12.3 Die wesentlichen Vorteile der Quality-Awareness-Methode auf einen Blick

Welchen konkreten Nutzen bringt der Einsatz der Quality-Awareness-Methode?

- → Gesicherte Informationen über den Stand des Qualitätsbewusstseins im Unternehmen
- → Qualitätsbezogene Sensibilisierung und Aktivierung aller Mitarbeiter (Top-down!)
- → Identifikation bisher unentdeckter Potenziale zur Qualitätsverbesserung
- → Gezielte Weiterentwicklung des Qualitätsbewusstseins und -handelns der Mitarbeiter
- → Systematische Generierung von Quick-win-Chancen mit hohem Motivationspotenzial
- → Signifikante und messbare Qualitäts- und Kostenwirksamkeit
- → Konkrete und nachvollziehbare Handlungsempfehlungen für den Weg zur Qualitätsexzellenz
- → Benchmarking mit qualitätsexzellenten Best-in-class-Unternehmen
- → **Nachhaltige Verbesserung der Wettbewerbsfähigkeit beim Erfolgsfaktor Qualität**

Bild 12.3 Die wesentlichen Vorteile der Quality-Awareness-Methode auf einen Blick

13

Sieben Tipps für Führungskräfte

Erinnern Sie sich an die vorne im Buch vorgestellten Ergebnisse der CMI-Studie zum Thema »Qualitätsbewusstsein« und hier insbesondere an den Pain-Point 5 (»Führungskräfte, die nicht können und wollen«)?

Im Rahmen einer Kausalanalyse des Datenbestandes der Studie konnten die in Bild 13.1 dargestellten Ursache-Wirkungs-Zusammenhänge nachgewiesen werden. Danach wirkt der Faktor »Führung« mit einer hohen Stärke positiv auf die Umsetzung der Qualitätsziele und die Entwicklung der Qualitätskultur im Unternehmen. Beide Faktoren wiederum wirken mit einer mittleren Wirkungsstärke positiv auf das Qualitätsbewusstsein der Mitarbeitenden und dieses wiederum positiv auf die Qualitätsperformance.

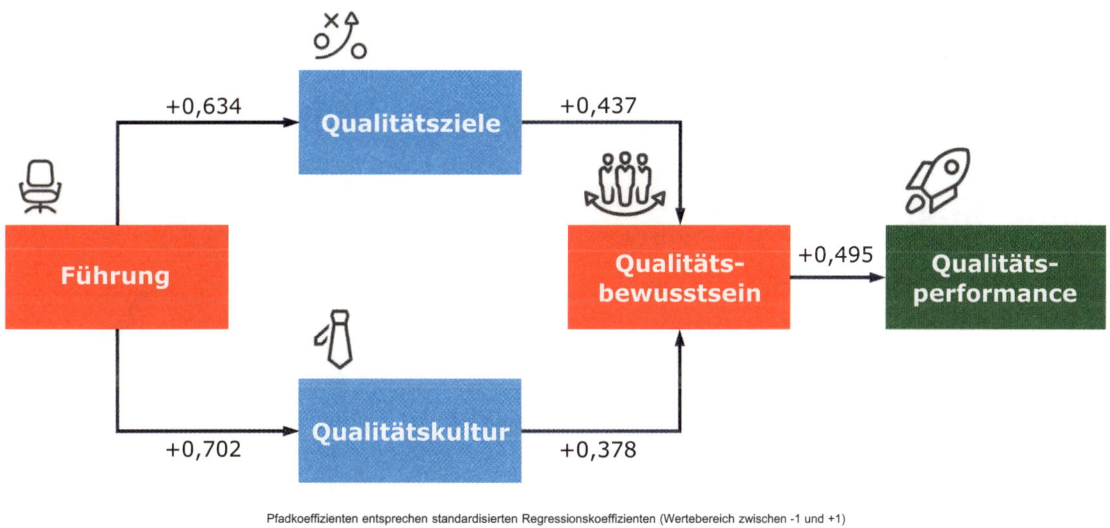

Bild 13.1 Führung: der entscheidende Erfolgsfaktor für die Qualitätsperformance

Konkret heißt dies, dass das Verhalten der Führungskräfte DER entscheidende Erfolgsfaktor für Ihre Produkt-, Prozess- und Unternehmensqualität ist. Es lohnt sich also, diesem Faktor eine besondere Aufmerksamkeit zu widmen!

Die folgenden sieben Tipps sollen Ihnen helfen, das Qualitätsbewusstsein in Ihrem Unternehmen gezielt und wirksam zu unterstützen. Damit schaffen Sie die entscheidende Voraussetzung für ein qualitätsexzellentes Handeln, niedrige Qualitätskosten und höchste Kundenzufriedenheit.

13.1 Tipp 1: Entwickeln Sie in Ihrem Verantwortungsbereich ein übereinstimmendes Qualitätsverständnis!

Worüber reden wir? Wenn diese Frage beim Thema »Qualität« gestellt wird, ist bereits etwas gewaltig schief gelaufen. Tatsächlich finden wir in Unternehmen immer wieder die Situation vor, dass Führungskräfte und deren Mitarbeiter kein übereinstimmendes Qualitätsverständnis haben, beziehungsweise, dass alle Mitarbeiter eines Unternehmens, also auch die Führungskräfte selber, nicht genau wissen oder mindestens keine Einigkeit darüber besteht, was mit dem Begriff »Qualität« inhaltlich ganz konkret gemeint ist. Der eine versteht unter Qualität die Fehlervermeidung, ein anderer spricht von effizienten Prozessen während wieder ein anderer sagt: »Qualität ist, wenn am Ende der Kunde zufrieden ist«.

Jeder sieht die Welt der Qualität auf seine eigene Art und Weise. Schaffen Sie daher erst mal ein gemeinsames Verständnis.

All das ist richtig und hat unter der Überschrift »Qualität« seine Berechtigung. Das ist wie in dem indischen Märchen vom Elefanten und den blinden Männern, in dem jeder beim Ertasten etwas anderes zu erkennen glaubt. Nur was steht in Sachen Qualität im Vordergrund? Im ersten Fall können fehlerfreie Produkte um jeden Preis gemeint sein. Lieferfähigkeit und Kosten kommen dann immer nach Qualität. Im zweiten Fall bezieht sich Qualität auf Prozessqualität und eigentlich nur auf deren Effizienz (»Die Dinge richtig machen«). Im dritten Fall ist der Kunde vielleicht mit einem Produkt zufrieden, das zwar einige Mängel aufweist, aber dafür termingerecht geliefert wird oder kostengünstiger ist. Welche Auffassung von Qualität ist also die richtige? Welche passt zu meinem Unternehmen und in meinen Verantwortungsbereich als Führungskraft? – Es macht also sehr viel Sinn darüber nachzudenken, was Qualität bedeutet. Nur so entsteht eine gleichlaufende Orientierung aller Mitarbeiter – letztendlich im gesamten Unternehmen.

HANDLUNGSEMPFEHLUNG

Setzen Sie sich einmal mit Ihren Mitarbeitern zusammen. Nehmen Sie sich dafür Zeit, denn die Klärung, worüber beim Thema »Qualität« wirklich geredet wird, sollte nicht zwischen Tür und Angel geschehen. Machen Sie beispielsweise eine Kartenabfrage und lassen Sie jeden Ihrer Mitarbeiter unabhängig voneinander notieren, wie er Qualität definiert, was er darunter konkret versteht. Hängen Sie diese Karten auf eine Pinnwand. Vermutlich werden alle zunächst über die Vielfalt der Definitionen überrascht sein. – Es sei denn, erst kurz vorher hätte es eine Qualitätskampagne gegeben, in deren Rahmen auch eine allgemeingültige unternehmensbezogene Definition des Qualitätsbegriffs erfolgt wäre und diese Definition hätte es tatsächlich bis in der Köpfe aller geschafft.

Auf dieser Grundlage und mit Blick auf Ihre Unternehmenswerte, zu denen in vielen Unternehmen auch eine ausgeprägte Kunden- und Qualitätsorientierung gehört, sowie die in Ihrem Unternehmen relevanten Richtlinien und Normen und nicht zuletzt unter Berücksichtigung Ihrer persönlichen Erfahrungen und der Ihrer Mitarbeiter, können Sie dann besprechen, was genau Qualität ab sofort für Sie als Team bedeuten soll, woran Sie diese Bedeutung konkret festmachen können und wie Sie ihr gemeinsames Qualitätsverständnis und -handeln weiterentwickeln wollen. Halten Sie die einzelnen Ergebnisse der Diskussion und die daraus entstandenen To-dos in einer Checkliste fest. Vereinbaren Sie zum Schluss einen Review-Termin, um die bis dahin vorliegenden Erfahrungen erneut zu reflektieren und damit das Qualitätsbewusstsein auf einem hohen Niveau zu halten.

Noch ein Tipp: Hören Sie sich einmal bei Ihren Kollegen um, wie diese das Thema »Qualität« behandeln. Vielleicht können Sie ja auch einen solchen Workshop mit anderen Beteiligten des ▶

für Sie relevanten Wertschöpfungsprozesses durchführen oder Sie geben Ihrer ersten Führungsebene einen Hinweis, dass es mental wie ökonomisch lohnenswert ist, sich einmal intensiv mit dem Qualitätsverständnis und dessen Auswirkungen zu befassen.

13.2 Tipp 2: Nehmen Sie Ihre Qualitätsverantwortung als Führungskraft sichtbar wahr!

Wissenschaftlich formuliert ist unter »Führung« die Ausrichtung des Handelns von Individuen und Gruppen auf bestimmte Ziele zu verstehen, die durch soziale Interaktion erfolgt. Führung soll den Geführten das Gefühl von Sicherheit und Orientierung vermitteln, der Koordination von Einzelhandlungen und damit der Zielerreichung dienen sowie den Zusammenhalt in der Gruppe fördern.

Damit unterstützt Führung die Motivation der Mitarbeiter, ihre Aufgaben effektiv und effizient zu erfüllen. Praktisch hängt die Wirksamkeit von Führung dabei von den individuellen psychologischen und sozialen Fähigkeiten der Führungskraft ab.

! *Verfolgen Sie ohne Wenn und Aber den Anspruch, stets exzellente Qualität zu erzeugen! Und tun Sie auch das, was Sie sagen.*

Als erfahrene Führungskraft haben Sie ein eigenes Bild davon, wie Sie Ihre Rolle als Führungskraft gestalten und dadurch Ihre Führungskompetenz wirksam einsetzen. Der Anspruch, stets exzellente Qualität zu erzeugen, sollte dabei ein wichtiger Bestandteil Ihrer Rollenwahrnehmung sein, denn genau das ist es, was in einem qualitätsexzellenten Unternehmen von Ihnen und Ihrem Verhalten erwartet wird.

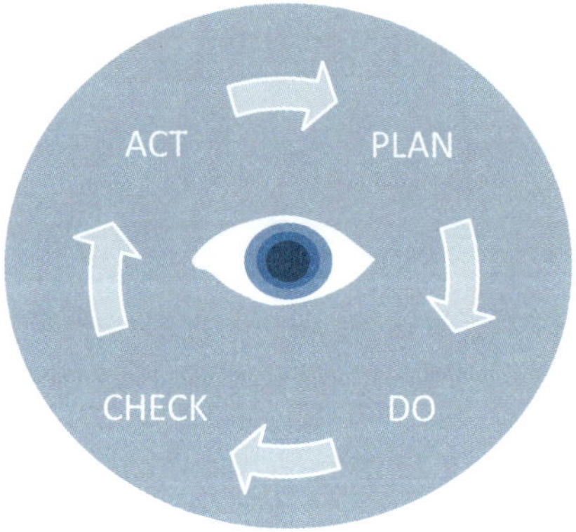

HANDLUNGSEMPFEHLUNG

Nehmen Sie sich eine kleine Auszeit und überlegen Sie in Ruhe, welche Bedeutung Qualität für Sie in Ihrer Funktion, in Ihrem Unternehmen, an Ihrem Standort und in Ihrem kollegialen Umfeld hat. Steht in Ihrem Verantwortungsbereich eher das produktbezogene, das prozessbezogene, das kundenbezogene oder das wertorientierte Qualitätsverständnis im Mittelpunkt oder sind alle Aspekte gleichermaßen von Bedeutung? Welchen Einfluss hat das auf Ihr Entscheidungs- und Führungsverhalten? Wie nehmen Sie Ihre Mitarbeiter in Ihrer Führungsrolle wahr, wenn es um Qualitätsthemen geht? Haben Sie immer eine eindeutige Position? Ändert sich Ihre Haltung zu Fragen der Qualität unter bestimmten Bedingungen? Wie machen Sie Ihr Qualitätsverständnis gegenüber den Ihnen unterstellten Mitarbeitern deutlich und wie eindeutig machen Sie dies? Sind die Gründe und Hintergründe Ihrer Entscheidungen in Qualitätsfragen für jeden Mitarbeiter erkennbar und kommunizieren Sie diese gegebenenfalls klar?

Notieren Sie sich die Antworten auf diese und andere Fragen, die Ihnen in diesem Zusammenhang durch den Kopf gehen. Schauen Sie sich dann einmal selbstkritisch Ihre Aufzeichnungen an und überlegen Sie, wo Sie als Führungskraft mit dem Fokus auf Qualität und mit dem Blick auf Ihr bisheriges Verhalten einen Veränderungsbedarf sehen.

Suchen Sie gezielt nach Gelegenheiten, um Ihr qualitätsbewusstes Denken für Ihre Mitarbeiter sichtbar zu machen. Geben Sie eine klare Richtung in Sachen Qualitätsbewusstsein und Qualitätshandeln vor und leben Sie Qualität aktiv vor. Denken Sie dabei an die Maxime des früheren CEOs von General Electric, Jack Welch, der auf ein konsequentes »Walk the talk« setzte und damit GE zu einem der weltgrößten Unternehmen machte.

Wenn Sie jederzeit das tun, was Sie sagen, macht Sie das in Ihrer Rolle als qualitätsbewusste Führungskraft authentisch und damit in einem hohen Maße qualitätswirksam. Das ist sichtbare Führungsqualität!

13.3 Tipp 3: Handeln Sie stets konsequent und vorbildlich!

Konsequentes und vorbildliches Handeln heißt, in einer bestimmten Entscheidungs- und Handlungssituation unter gleichen Bedingungen das Gleiche zu tun und damit für andere ein richtungsweisendes Beispiel zu geben. So kursiert in der Robert Bosch GmbH bis heute die (wahre) Geschichte, dass der Firmengründer jegliche Verschwendung zu vermeiden versuchte und dies auch immer wieder vorlebte. Wenn er in den Betrieb

kam, eilte ihm der schwäbische Warnruf voraus: »Dr Vadder kommt, löschet die onötig Lichter aus«. Oder noch prägnanter ist die Situation als Robert Bosch in seiner Buchhaltung eine Büroklammer vom Boden aufhebt, seinen Oberbuchhalter herbei zitiert, ihm die Klammer unter die Nase hält und dieser sagt: »Eine Büroklammer«, worauf Bosch entgegnet: »Falsch, das ist mein Geld!«.

> ! *Qualitätshandeln wird zu jeder Zeit und bei jeder Gelegenheit von allen wahrgenommen.*

Wenn Sie also auf Qualität größten Wert legen und dies richtigerweise immer wieder kommunizieren und auch im Handeln belegen, dann halten Sie sich auch im Kleinen daran. Das beginnt beim pünktlichen Erscheinen in Besprechungen und geht über die einem Ihrer Mitarbeiter zugesagte zeitnahe Rückmeldung zu einer erfolgreichen Fehlerbeseitigung bis zu einem konsequenten Einfordern einer bestimmten Arbeitsleistung, die Ihnen als Führungskraft verbindlich zugesagt worden ist. Qualitätshandeln findet nämlich nicht nur statt, wenn es gilt, ein Problem beim Kunden zu lösen, sondern ist allgegenwärtig und viel wichtiger noch: Es wird zu jeder Zeit und bei jeder Gelegenheit von anderen Menschen wahrgenommen.

HANDLUNGSEMPFEHLUNG

Überlegen Sie, wie konsequent und vorbildlich Sie Qualität vorleben wollen und können. Denn die Vorbildrolle erfordert ein permanentes, bewusstes Engagement. Das ist nicht immer einfach. Manchmal ist es auch unbequem, sich an vereinbarte oder sogar selbst gesetzte Regeln zu halten. Nur gilt es zu bedenken: Ein Abweichen von der proklamierten und vielleicht sogar schon eine gewisse Zeitlang vorgelebten Qualitätslinie wird sofort wahrgenommen und interpretiert: »Unser Chef nimmt es halt auch nicht immer so genau«. Damit ist die Entschuldigung für eigenes Fehlverhalten gefunden, das dann viel leichter von der Hand geht als wenn Mitarbeiter ihren Chef immer glasklar auf Qualität orientiert erleben.

Natürlich kann es ausnahmsweise vorkommen, dass diese Linie einmal – dann allerdings hoffentlich aus einem guten Grund – verlassen werden muss. Nur sollte dann unmittelbar danach oder noch besser sogar im Vorfeld der Umsetzung der getroffenen Entscheidung eine Erklärung erfolgen, um deutlich zu machen, was die Hintergründe für ein Abweichen von der harten Qualitätslinie waren und dass diese Entscheidung und ihre Konsequenzen eben eine Ausnahme und nicht die zukünftige Regel sind.

Vielleicht erinnern Sie sich in diesem Zusammenhang an unser Beispiel aus der Schokoladenfabrik …

13.4 Tipp 4: Nutzen Sie Fehler als Lernchancen!

Ein Fehler ist die Abweichung eines Zustands, Vorgangs oder Ergebnisses von einem Standard, von festgelegten Regeln oder einem definierten Ziel. Diese Nichterfüllung einer Anforderung schafft regelmäßig zunächst einmal ein Problem, weil der Ist-Zustand nicht dem Soll-Zustand entspricht. Je nach Bedeutung des Fehlers kann sich daraus eine existenzielle Bedrohung für ein Unternehmen ergeben. Das Beispiel der Takata-Airbags am Anfang des Buches hat dies bereits deutlich gemacht.

Fehler können aber auch als Gelegenheit gesehen werden, erfahrungsbasiert zu lernen, nicht nur um den gleichen Fehler kein zweites Mal zu machen, sondern auch, um eine Fehlersituation auf ihre Übertragbarkeit auf ähnliche Situationen zu prüfen und Fehler in vergleichbaren Situationen zukünftig zu vermeiden. Das ist nicht leicht, wie jeder Qualitätsverantwortliche weiß; denn Wiederholungsfehler sind durchaus an der Tagesordnung. Aber Fehler sind auch gute Lernchancen, weil sie die individuellen Lernprozesse fördern. Werden diese Lernerfahrungen dann anderen mitgeteilt, also kollektiviert, dann vergrößern sie die gemeinsame Wissensbasis und können auch von anderen, nicht unmittelbar an dem Fehler oder dessen Beseitigung beteiligten Personen, aktiv genutzt werden. Letztendlich hat dieses sogenannte organisationale Lernen damit sichtbare Konsequenzen für das Verhalten der Mitarbeiter eines Unternehmens.

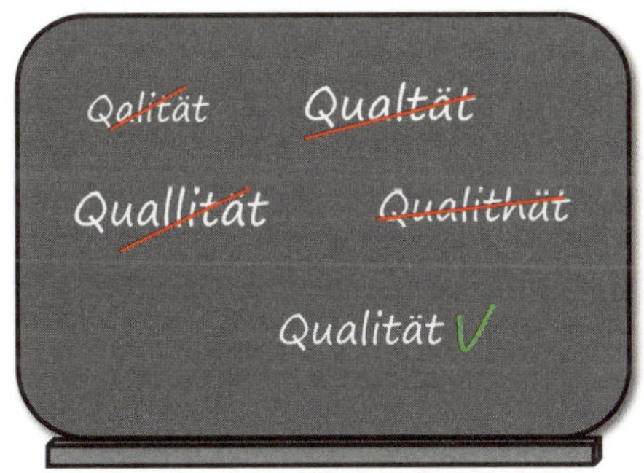

Wichtig ist es dabei, darauf zu achten, dass dieser kollektive Vorgang nicht an Lernhindernissen (defensive routines) scheitert, bei denen es sich um Denkmuster handelt, mit denen Konflikte, Überraschungen und Gefahren vermieden werden sollen. Dazu gehört auch die »erfolgsgefährdende Wirkung des Erfolgs«, die Lernprozesse hemmen oder sogar verhindern kann.

HANDLUNGSEMPFEHLUNG

Von Konfuzius stammt der Satz: »Wer einen Fehler gemacht hat und ihn nicht korrigiert, begeht einen zweiten.« Vielleicht haben Sie bereits in der Vergangenheit in Ihrem Verantwortungsbereich auf ein systematisches Fehlerlernen gesetzt. Sie haben Fehler aktiv angesprochen und Ihre Mitarbeiter dazu aufgefordert, dies ebenfalls zu tun. Die Fehler wurden dann beschrieben und hinsichtlich ihrer Ursachen analysiert. Die Androhung oder sogar Umsetzung von Sanktionen war damit nie verbunden. Vielmehr haben Sie Ihre Mitarbeiter für die Offenlegung von Fehlern und deren Ursachen gelobt, diese gemeinsam bewertet und zielgerichtet Schlussfolgerungen gezogen, wie Sie mit den Fehlern umgehen und vergleichbare Fehler in Zukunft vermeiden wollen. Dieses Verhalten und die dahinterliegende mentale Einstellung haben zur Entwicklung einer Fehlerkultur beigetragen, in der konstruktiv mit Fehlern, Fehlerrisiken und Fehlerfolgen umgegangen wird und in der es keine Angst vor negativen Konsequenzen oder gegenseitigen Schuldzuweisungen gibt. Damit verbunden haben Sie in Ihrem Verantwortungsbereich ein Fehlermanagement etabliert, mit dessen Hilfe die Aktivitäten im Umgang mit Fehlern gezielt gesteuert und methodisch unterstützt werden. So wird jeder Fehler bewusst als Lernchance wahrgenommen, um die zukünftigen Aufgaben auf einem (noch) höheren Qualitätsniveau zu bewältigen.

Wenn Sie das alles schon gemacht haben, brauchen Sie an dieser Stelle keine Empfehlungen mehr. Falls nicht, sollten Sie über das, was Sie gerade gelesen haben, intensiv nachdenken und Ihre Schlussfolgerungen für einen zukünftig anderen Umgang mit Fehlern daraus ziehen.

13.5 Tipp 5: Verabschieden Sie sich von Abteilungs- und Bereichsegoismen!

Egoismus (von lateinisch ego: »ich«) bedeutet übersetzt: Ich-Bezogenheit, Eigenliebe, Selbstsucht. Egoismen sind demnach Handlungsweisen, bei denen der Handelnde zumeist uneingeschränkt auf den eigenen Vorteil bedacht ist. Daher rührt auch

die Verwendung des Begriffs »Egoismus« als Synonym für ein rücksichtsloses Verhalten zu Lasten anderer. Damit wird es zum Gegenteil von einem gemeinnützigen, solidarischen Verhalten.

Evolutionsgeschichtlich ist dieses Verhaltensmuster aus dem Konkurrenzverhalten entstanden, das ein Bestandteil des menschlichen Sozialverhaltens ist und der Sicherung des eigenen Überlebens und des Überlebens der Sippe dient. Wenn wir manche Organisationseinheiten in heutigen Unternehmen betrachten, scheint dieses archaische Verhalten immer noch vorhanden zu sein. Das Beispiel 1 (Schuld und Sühne) zeigt die Wirkungen eines solchen Denk- und Verhaltensmusters im Unternehmensalltag.

Allerdings stellt sich die Frage, ob die bewusste Kultivierung abteilungs- und bereichsbezogener Egoismen in unserer Zeit noch einen Platz hat, in der Prozessqualität und -geschwindigkeit von einer erfolgsentscheidenden Bedeutung sind. Schließlich führt Konkurrenzverhalten nicht zu einer zielgerichteten Kooperation, in der es um die gemeinsame Zielerreichung geht, sondern blockiert vielmehr mindestens die Prozesseffizienz, wenn nicht das Prozessergebnis selbst. **Qualitätsexzellenz erfordert aber die Abkehr vom Silodenken mit einer Betonung der Schnittstellen und der Vergeudung von Ressourcen für die Entfesselung und Beilegung von Konflikten.** Stattdessen ist die volle Konzentration auf die wertschöpfenden Aktivitäten notwendig, denn diese generieren für den Kunden und damit auch für das eigene Unternehmen einen messbaren Mehrwert.

> *»Zusammenkommen ist ein Beginn, Zusammenbleiben ist ein Fortschritt, Zusammenarbeiten ist ein Erfolg.«*
>
> *Henry Ford*

HANDLUNGSEMPFEHLUNG

Machen Sie aus den für Sie und Ihren Verantwortungsbereich relevanten Schnittstellen besser **Interfaces**. Damit ist im Kern nicht ein Wechsel des sprachlichen Ausdrucks für das gleiche Phänomen gemeint. Vielmehr drückt die englische Bezeichnung den verbindenden Charakter besser aus als der Begriff ▶

»Schnittstelle«, mit dem eher eine Trennung assoziiert wird. Denn gerade an den Grenzen der unternehmensbezogenen Subsysteme, wie Abteilungen, Bereiche, Standorte usw., kommt es mit Blick auf die Qualität der Wertschöpfungsbeziehungen ganz besonders darauf an, Verschwendung (japanisch »muda«) zu vermeiden.

Einen wesentlichen Beitrag hierzu kann zunächst einmal die genaue Klärung von Aufgaben, Verantwortungen und Kompetenzen entlang der Wertschöpfungskette leisten. Setzen Sie sich einmal mit Ihren internen und/oder externen Kunden und Lieferanten in den für Sie relevanten Prozessen zusammen und klären Sie, wie genau die Prozesslogik mit ihren Input-Output-Beziehungen, den gegenseitigen Abhängigkeiten, der Regelung der Prozessverantwortung, der Rollenwahrnehmung als Prozesseigner, Prozessmanager oder Prozessmitarbeiter usw. derzeit aussieht und wie sie idealerweise und mit Blick auf eine höhere Prozessqualität aussehen sollte.

Vermutlich werden Sie dabei feststellen, dass Sie und Ihre Kollegen in der Vergangenheit viel Zeit und Energie für nicht wertschöpfende Tätigkeiten vergeudet haben, die besser für eine gemeinsame Zielerreichung und eine höhere Kundenzufriedenheit zur Verfügung gestanden hätten. Ziehen Sie mit Ihren Partnern in der Prozesskette daraus gemeinsame Schlussfolgerungen und setzen Sie diese zeitnah und verbindlich um!

13.6 Tipp 6: Vereinbaren Sie mit Ihren Mitarbeitern smarte und diagonal abgestimmte Qualitätsziele!

Kennen Sie die Gruppenübung »Wo ist Norden?« Bei dieser Übung werden die Teilnehmer dazu aufgefordert, sich in einem Raum so aufzustellen, dass sie sich mit einem horizontal ausgestreckten Arm um die eigene Achse drehen können, ohne dabei Wände, Mobiliar oder Kollegen zu berühren. Dann folgt die Bitte, die Augen zu schließen und sich mit geschlossenen Augen solange zu drehen, bis der ausgestreckte Arm exakt in die Nordrichtung zeigt. Wenn alle ihre Drehungen abgeschlossen haben, werden die Teilnehmer gebeten, ihre Augen bei weiterhin ausgestrecktem Arm zu öffnen und sich in dem Raum umzuschauen. Das Bild ist jedes Mal das gleiche: Die Arme der Teilnehmer zeigen in alle möglichen Himmelsrichtungen, auch, aber zumeist nicht nur, nach Norden. Wenn man dann die Frage stellt, was das in einer konkreten Situation bedeuten würde, beispielsweise inmitten einer Wüste mit exakt in nördlicher Richtung liegender, zwanzig Kilometer entfernter Oase, dann werden alle sehr nachdenklich. In welche Richtung soll die Gruppe ohne ein gemeinsames Ziel marschieren?

»Nur wer sein Ziel kennt, findet den Weg.«

Laotse

Im Prinzip ist das bei Unternehmens- und speziell Qualitätszielen nichts anderes. Ziele dienen der Orientierung. Sie weisen die Richtung des Weges, der zur Zielerreichung beschritten werden soll. Zwar gilt auch hier das »Phänomen der Ungewissheit«, also der Unklarheit darüber, wie die Zukunft aussehen wird, aber Ziele und darauf abzielende Maßnahmen geben ein wichtiges Stück Sicherheit über die Ausrichtung der Anstrengungen. Werden die Ziele dann konsequent verfolgt, die Zielerreichung überprüft und daraus sinnvolle Schlussfolgerungen gezogen, tragen sie ganz wesentlich zu einem sinnvollen Einsatz der knappen Ressourcen Zeit, Geld und Personal bei. Dabei ist allein schon die gedankliche Ziel- und Maßnahmenplanung ein sehr wertvoller Vorgang, weil sie die bewusste und systematische Auseinandersetzung mit der gegenwärtigen und der wahrscheinlichen zukünftigen Qualitätssituation erfordert.

Wichtig ist, dass die Ziele SMART (spezifisch, messbar, attraktiv, realistisch, terminiert) sind, um akzeptiert zu werden und zu entsprechenden Anstrengungen zu führen, die dann auch kontrollierbar sind.

HANDLUNGSEMPFEHLUNG

Vermutlich arbeiten Sie bereits mit Zielvereinbarungen (Management by Objectives) oder ähnlichen Instrumenten zur zielgerichteten Ausrichtung der Aktivitäten Ihrer Mitarbeiter. Aber sind auch explizit beschriebene Qualitätsziele ein Bestandteil dieser Vereinbarungen? Und wenn ja, sind die Qualitätsziele lediglich vertikal kaskadiert oder sind sie auch horizontal zwischen den einzelnen organisatorischen Teileinheiten Ihres Verantwortungsbereiches, beziehungsweise entlang der Wertschöpfungskette auch mit benachbarten Verantwortungsbereichen, abgestimmt?

Eine solche diagonale Zielabstimmung ist eine wichtige Voraussetzung sowohl zur hierarchie- und bereichsübergreifenden Zielharmonisierung als auch zur Vermeidung von zumeist unproduktiven Ziel- und Ressourcenkonflikten.

Hier kann es sehr sinnvoll sein, sich einmal näher mit dem Thema »Zielausrichtung auf Qualität« und der Formulierung smarter Qualitätsziele für den eigenen Verantwortungsbereich in Abstimmung mit den relevanten Nachbarbereichen zu beschäftigen. Als Orientierung können dabei – wenn vorhanden – die übergeordneten strategischen Qualitätsziele dienen.

Die Zeit für die Zielplanung und Zielabstimmung ist gut investiert, denn zum einen wird die Wahrscheinlichkeit von ▶

späteren Zielkonflikten minimiert und zum anderen trägt die Zielabstimmung zur Vermeidung von Bereichsegoismen mit ihren negativen Konsequenzen bei.

13.7 Tipp 7: Lassen Sie in Ihrem Bemühen um exzellente Qualität nicht nach!

»Steter Tropfen höhlt den Stein« heißt ein altes römisches Sprichwort (lateinisch »Gutta cavat lapidem«). Später kam dann die Ergänzung hinzu »… nicht durch Kraft, sondern durch stetes Fallen«. Damit ist gemeint, dass ein ausdauerndes Verhalten zielführender und nachhaltiger ist als ein einmaliger Kraftakt. Das gilt auch und insbesondere für das Erreichen von dauerhaft höchster Qualität.

Eine einmalige Qualitätsinitiative mag zwar die Gemüter aufrütteln, das Bewusstsein für Qualität sporadisch schärfen und die Qualitätssituation temporär verbessern; wenn es an weiteren Aktivitäten fehlt, werden die Anstrengungen aber schnell schwächer, und die Fehler und die Qualitätskosten steigen wieder.

> *Qualitätsbewusstsein entsteht nicht im Hauruckverfahren.*

Letztendlich wird sich dann das so genannte »Phänomen des Versandens« zeigen, das heißt, die einmal mit viel Engagement begonnene Qualitätsinitiative wird sich fast unbemerkt aus den Köpfen der Mitarbeiter verabschieden. Wenn es erst einmal soweit gekommen ist, sind die Themen Qualitätsexzellenz und Qualitätsbewusstsein erst einmal für längere Zeit verbrannt, was Sie vielleicht gar nicht als dramatisch wahrnehmen, weil bereits das nächste Thema Ihre Aufmerksamkeit als Führungskraft voll und ganz beansprucht. Schade, denn das Engagement für eine höhere Qualität durch ein gesteigertes Qualitätsbewusstsein war dann – zumindest teilweise – umsonst.

HANDLUNGSEMPFEHLUNG

Gleichgültig, auf welcher Hierarchieebene Sie Ihre Führungsaufgaben wahrnehmen, gilt: Was ich zielstrebig anfange, muss ich ebenso konsequent wie kontinuierlich zu Ende bringen. Und dieses »zu Ende bringen« heißt beim Thema »Qualität«, dass es kein Ende der Bemühungen um höchste Qualität gibt und geben kann. Knorr-Bremse hat ihre Ausrichtung auf exzellente Qualität mit »Gut ist nicht gut genug, immer besser heißt das Ziel!« beschrieben und bis heute mit Leben gefüllt.

Qualitätsbewusstsein entsteht nicht im Hauruckverfahren. Brainwashing ist nicht die Methode der Wahl, im Gegenteil: Ein derartiges Vorgehen würde das hervorrufen, was Psychologen mit dem Begriff der »Reaktanz« bezeichnen, also eine komplexe Abwehrreaktion auf psychischen Druck, die sich verhaltensseitig als Widerstand gegen die beabsichtigte Veränderung und den subjektiv wahrgenommenen Freiheitsverlust zeigt.

Klären Sie deshalb mit Ihren Mitarbeitern: Wo stehen wir in Sachen Qualität? Welchen Anspruch in Richtung Qualitätsexzellenz haben wir? Mit welchen Bemühungen haben wir in der Vergangenheit was erreicht und was nicht? Wie können wir Schritt für Schritt unsere Qualität verbessern? Hierbei ist es hilfreich, diese und ähnliche Fragen gemeinsam zu beantworten und zu reflektieren, welche konkreten Schritte in der nächsten Zeit in Bezug auf die Verbesserung der Qualität gegangen werden sollen und wie die Perspektive danach aussieht.

Dabei ist es sinnvoll, sich einen längeren Planungshorizont auszusuchen, zum Beispiel die nächsten zwei bis drei Jahre, für den dann im ersten Jahr konkrete Ziele, Maßnahmen, Verantwortlichkeiten und klare Zeitpunkte festgelegt werden, bis zu denen die Qualitätsverbesserungen erreicht werden sollen. Die Folgejahre sind zumindest grob zu planen, um einerseits die langfristigen Ziele nicht aus den Augen zu verlieren und andererseits das Bewusstsein wach zu halten, dass es sich um einen kontinuierlichen Prozess der Weiterentwicklung handelt, der dauerhafte Anstrengungen erfordert und – das ist mindestens genauso wichtig – der dauerhafte Erfolge verspricht!

14

Jetzt sind Sie dran!

14.1 Wie kann Ihr Quality-Awareness-Programm aussehen?

Lassen Sie sich nicht davon abhalten, über die Möglichkeiten einer signifikanten Verbesserung der Qualitätssituation in Ihrem Unternehmen nachzudenken. Hier gilt »Der Weg ist das Ziel!«, denn schon das bewusste Durchdenken von alternativen Möglichkeiten zur Veränderung des Qualitätsbewusstseins und des Qualitätshandelns schärft den Blick für die Probleme und die Möglichkeiten, die hinter Ihren aktuellen Qualitätsthemen liegen. Denn allein schon durch die aktive gedankliche Auseinandersetzung mit den wirklich wichtigen Qualitätsfragen in Ihrem Unternehmen und das Überdenken der bisherigen Erfahrungen kommen Sie der Qualitätsexzellenz zumindest mental ein Stück näher.

! *Der Weg ist das Ziel!*

Entwickeln Sie Ihre Roadmap zur Qualitätsexzellenz (Bild 14.1)!

14.2 Bringen Sie Ihre Überlegungen zu Papier

Wie es in Ihrem Unternehmen in Richtung Qualitätsexzellenz und höchste Kundenzufriedenheit weitergeht, liegt an Ihnen!

Lassen Sie Ihre Gedanken, die Sie beim Lesen dieses Buchs hatten, nochmals an sich vorbeiziehen. Überlegen Sie, was Sie bislang getan haben, um die Qualität in Ihrem Unternehmen nachhaltig zu verbessern. Denken Sie auch darüber nach, was Sie bisher (noch) nicht getan haben ... und was Sie als Nächstes ganz konkret machen wollen, um Ihr Unternehmen in Richtung exzellenter Qualität voranzubringen.

Die nächsten Seiten bieten Ihnen Raum, um Ihre Überlegungen und Ideen zu Papier zu bringen.

Nun müssen Sie Ihre guten Gedanken nur noch umsetzen!

Viel Erfolg auf Ihrem Weg zu exzellenter Qualität!

Bild 14.1 Beispiel für die Roadmap eines Quality-Awareness-Programms

WAS ICH BISHER FÜR UNSERE QUALITÄTSEXZELLENZ GETAN HABE …

WAS DABEI HERAUSGEKOMMEN IST …

WAS ICH BISHER (NOCH) NICHT FÜR UNSERE QUALITÄTSEXZELLENZ GETAN HABE …

WAS ICH ALS NÄCHSTES FÜR UNSERE QUALITÄTSEXZELLENZ KONKRET TUN WERDE ...

15 Über den Autor dieses Buchs

Dietmar Vahs, geboren 1961 in München, war nach dem Studium der Volks- und Betriebswirtschaftslehre an der Universität Tübingen und der University of Virginia (Va., USA) zunächst in der Mercedes-Benz AG und der Daimler-Benz AG tätig (Trainee, Vorstandsassistent, Leiter Organisationsanalysen Konzern und Projektleiter Entwicklungsmanagement im Konzern). Seit 1993 ist er Professor an der Hochschule Esslingen und seit 1998 Direktor des Instituts für Change Management und Innovation (CMI), das unter anderem wissenschaftliche Studien mit Partnern wie dem Verband Deutscher Maschinen- und Anlagenbau e. V. (VDMA), der Deutschen Gesellschaft für Qualität e. V. (DGQ) und der Industrie- und Handelskammer Region Stuttgart durchführt, so zum Beispiel »Qualitätsbewusstsein als Wettbewerbsfaktor« (2017) und »IQ – Innovation und Qualität« (2019).

Professor Vahs ist einer der renommiertesten deutschen Experten für das Thema »Qualitätsbewusstsein« und verfügt über eine mehr als 25-jährige Erfahrung in der Beratung von Unternehmen unterschiedlicher Größe und Branchenzugehörigkeit auf den Gebieten Change-, Innovations- und Qualitätsmanagement. Er ist Managing Partner der Expertengruppe Quality-Awareness-Experts, die seit vielen Jahren sehr erfolgreich Quality-Awareness- und Quality-Culture-Programme gestaltet und Unternehmen auf ihrem Weg zur Qualitätsexzellenz begleitet, sowie Autor zahlreicher Veröffentlichungen und Redner auf nationalen und internationalen Kongressen.

Persönliche Kontaktaufnahme über:
Prof. Dr. Dr. h.c. Dietmar Vahs
Managing Partner
Quality-Awareness-Experts
E-Mail: dvahs@qa-experts.de
Website: www.qa-experts.de

Über Quality-Awareness-Experts

Über Quality-Awareness-Experts

Wir sind ein eingespieltes Team von erfahrenen Expertinnen und Experten, das sich seit vielen Jahren mit dem Kernthema »Qualitätsbewusstsein« in Wissenschaft und Praxis befasst und Unternehmen unterschiedlicher Größe und Branchenzugehörigkeit auf ihrem Weg zu einer exzellenten Qualität begleitet.

Wir kennen die relevanten Handlungsfelder und die besonderen Herausforderungen, wenn es um die Weiterentwicklung des Qualitätsbewusstseins und des Qualitätshandelns Ihrer Mitarbeiter geht.

Unser Ziel ist es, qualitätsexzellente Produkte und Prozesse mit gleichzeitig drastisch reduzierten Cost-of-Poor-Quality zu erreichen: 100 % Qualität // < 50 % Qualitätskosten.

Unsere Leistungen umfassen das gesamte Spektrum der Planung, Umsetzung und Steuerung von nachhaltig wirksamen qualitätsverbessernden Maßnahmen, unabhängig von der Unternehmensgröße oder der Branchenzugehörigkeit. Zu unserem Leistungsspektrum gehören insbesondere:

Durchführung von Workshops zur Analyse und Bewertung Ihrer gegenwärtigen Qualitätssituation sowie zur Entwicklung wirksamer Sofort-Maßnahmen.

Systematische Planung und umfassende Begleitung von Quality-Awareness- und Quality-Culture-Programmen mit dem Ziel einer positiven Veränderung des qualitätsbezogenen Mindsets Ihrer Mitarbeiter und der Etablierung einer nachhaltig wirksamen Qualitätskultur.

Unterstützung bei der Entwicklung und Implementierung von integrierten Qualitätsstrategien und diagonal abgestimmten Qualitätszielen.

Programmbegleitendes QA-Coaching und QA-Training von Führungskräften aller Hierarchieebenen und Unternehmensbereiche.

Wir sehen es als unsere Aufgabe an, gemeinsam mit Ihnen den genau für Ihr Unternehmen richtigen Weg zur Qualitätsexzellenz festzulegen. Diesen Weg gehen wir mit einer klaren Fokussierung auf das Wesentliche und dem Ziel einer konsequenten und nachhaltig wirksamen Umsetzung.

Nähere Informationen finden Sie auf unserer Website unter www.qa-experts.de

QA EXPERTS
QUALITY-AWARENESS

Joachim Herrmann
Holger Fritz
Qualitäts-management
Lehrbuch für Studium und Praxis
QZ
Qualität und Zuverlässigkeit
Die Zeitschrift für Qualitätsmanagement und Qualitätssicherung
www.qz-online.de
Georg E. Weidner
Inklusive Softwarelizenz
Qualitäts-management
Kompaktes Wissen
Konkrete Umsetzung
Praktische Arbeitshilfen
2., überarbeitete Auflage
HANSER

QZ-online.de